극지과학자가 들려주는

원격탐사 이야기

그림으로 보는 극지과학 시리즈는 극지과학의 대중화를 위하여 극지연구소에서 기획하였습니다. 극지연구소Korea Polar Research Institute, KOPRI는 우리나라 유일의 극지 연구 전문기관으로, 극지의 기후와 해양, 지질 환경을 연구하고, 극지의 생태계와 생물자원을 조사하고 있습니다. 또한 남극의 '세종과학기지'와 '장보고과학기지', 북극의 '다산과학기지', 쇄빙연구선 '아라온'을 운영하고 있으며, 극지 관련 국제기구에서 우리나라를 대표하여 활동하고 있습니다.

일러두기

- ℃는 본문에서는 '섭씨 도' 혹은 '도'로 나타냈다. 이 책에서 화씨 온도는 사용하지 않고 섭씨 온도만 사용했다. 절대온도는 사용하지 않았다. 위도와 경도를 나타내거나, 각도를 나타내는 단위도 '도'를 사용했지만, 온도와 함께 나올 때는 온도를 나타내는 부분에 섭씨를 붙여 구분했다.
- 책과 잡지는《 》, 글은〈 〉로 구분했다.
- 인명과 지명은 외래어 표기법을 따랐다. 하지만 일반적으로 쓰이는 경우에는 원어 대신 많이 사용하는 언어로 표기했다.
- 참고문헌과 그림 출처 및 저작권은 책 뒷부분에 밝혔다.
- 용어의 영어 표현은 찾아보기에서 확인할 수 있다.

그림으로 보는 극지과학 6

극지과학자가 들려주는
원격탐사 이야기

김현철 지음

차례

숲의 변화를 보기 위해서는 숲의 바깥에 있어야 한다. 인공위성 원격탐사는 우리를 숲의 바깥에서 숲을 보게 해 주었다. 즉 우리가 살고 있는, 어떻게 보면 우리가 속해 있는, 지구의 모습을 알게 해준 인류 최고의 기술이라고 생각한다. 원격탐사를 통해 우리가 인지하는 능력의 시공간 범위를 획기적으로 확장시켰다. 그리스 로마에 나오는 신들처럼, 인간들이 오를 수 없는 올림포스 산의 꼭대기에서 또는 구름 위에서 지상에 있는 인간들의 활동을 내려다 보고 있는 신들의 모습이 인공위성 원격탐사를 탄생하게 하지 않았을까?

최근 수십 년간 온난화의 경험적 증거(강수, 가뭄, 한파 등)들을 주변에서 쉽게 접하고 있다. 이런 경험적 증거는 지구 규모로 일어나는 기상 이변을 이해하기에는 부족하다. 온난화와 같은 지구 규모 현상은 전 지구 곳곳의 변화를 파악해야만 이해가 가능하다. 특히, 극 지역은 온난화에 더욱 민감하게 반응하는 곳이며, 극 지역

빙권의 변화는 인류의 미래에 영향을 줄 수도 있기 때문에 큰 관심이 모아지고 있다.

인공위성 원격탐사는 지구 규모의 자연 현상을 관측할 수 있는 유일한 연구 방법으로, 인류는 인공위성 관측으로 극 지역 빙권의 변화 실체를 파악하기 시작하였다. 인공위성을 이용한 극지빙권 연구 뿐아니라, 우리가 흔히 접하고 있는 엘니뇨나 라니냐와 같이 이상 기온에 의해 일어나는 바다 수온의 변화도 인공위성을 이용해서 관측하고 있다. 특히, 우리가 매일 접하는 일기예보에 사용되는 구름의 공간 분포나 강우, 폭설에 관련된 여러 기상 정보들이 인공위성 관측을 통해 얻어지고 있다.

지진이나 화산, 해일 등 지구 표면에서 일어나는 여러 변화의 결과도 인공위성으로부터 관측되고 있다. 전 지구 규모의 식량 자원의 량을 위성을 통해 모니터링하고, 또 생산량을 결정하는데 사용하기도 하며, 동서 이데올로기에 의해 위성관측이 탄생한 것처럼 현재 각국에서는 자국의 역량 강화를 위해 위성으로부터 상대방의 정보를 획득하고 있다.

한국은 아리랑위성 시리즈를 운용하여 지구 규모의 자연 현상을 이해하는데 적극 나서고 있으며, 세계 최초 정지궤도 해색관측 센서를 탑재한 천리안 위성(통신해양기상위성)을 운용함으로써 한반도 주변을 24시간 관측하고 있다.

이처럼 인공위성 원격탐사의 중요성을 이해한 각국에서 인공위성을 운용하고, 위성으로부터 우리가 살고 있는 지구의 표면에 일어나는 여러 변화를 관측하고 있다. 기술의 발달 및 위성관측의 중요성으로 인해 인공위성을 이용한 연구 분야는 계속 확대되고 있으며, 매일 매일 수많은 위성으로부터 관측된 데이터들이 생산되고 있어, 최근 이슈가 되고 있는 빅데이터를 이용한 지구 환경 변화 연구에 기여하고 있다. 앞으로의 인공위성 원격탐사 분야는 매일 매일 수집되는 다양한 종류의 위성정보를 이용한 빅데이터 분석 분야로 확대될 것이며, 위성관측 정보를 얼마나 많이 보유하느냐가 국가나 기관의 경쟁력을 좌우하게 될 것이다.

극지연구소의 원격탐사 분야는 필자가 10여년 전 처음 개척하여 지금의 북극해빙예측사업단으로까지 발전했다. 기술의 빠른 변화 속에서 각국과 경쟁할 수 있는 분야인 인공위성 원격탐사는 앞으로도 다양한 분야의 발전이 기대되고 있다. 이 책에서는 인공위성 원격탐사의 중요성 및 효율성에 대한 정보를 독자들과 나누어 숲의 바깥에서 숲을 보는 것이 얼마나 획기적이고 효율적인지를 설명하고자 한다. 또한 인공위성 원격탐사의 활용분야를 이해하고, 이를 이용한 우리 주변 및 극지에서 일어나는 환경 변화를 관측하는 방법을 소개한다. 이러한 원격탐사 이야기를 통해 인공위성 원격탐사 분야에 많은 학문 후속세대가 생기길 희망한다.

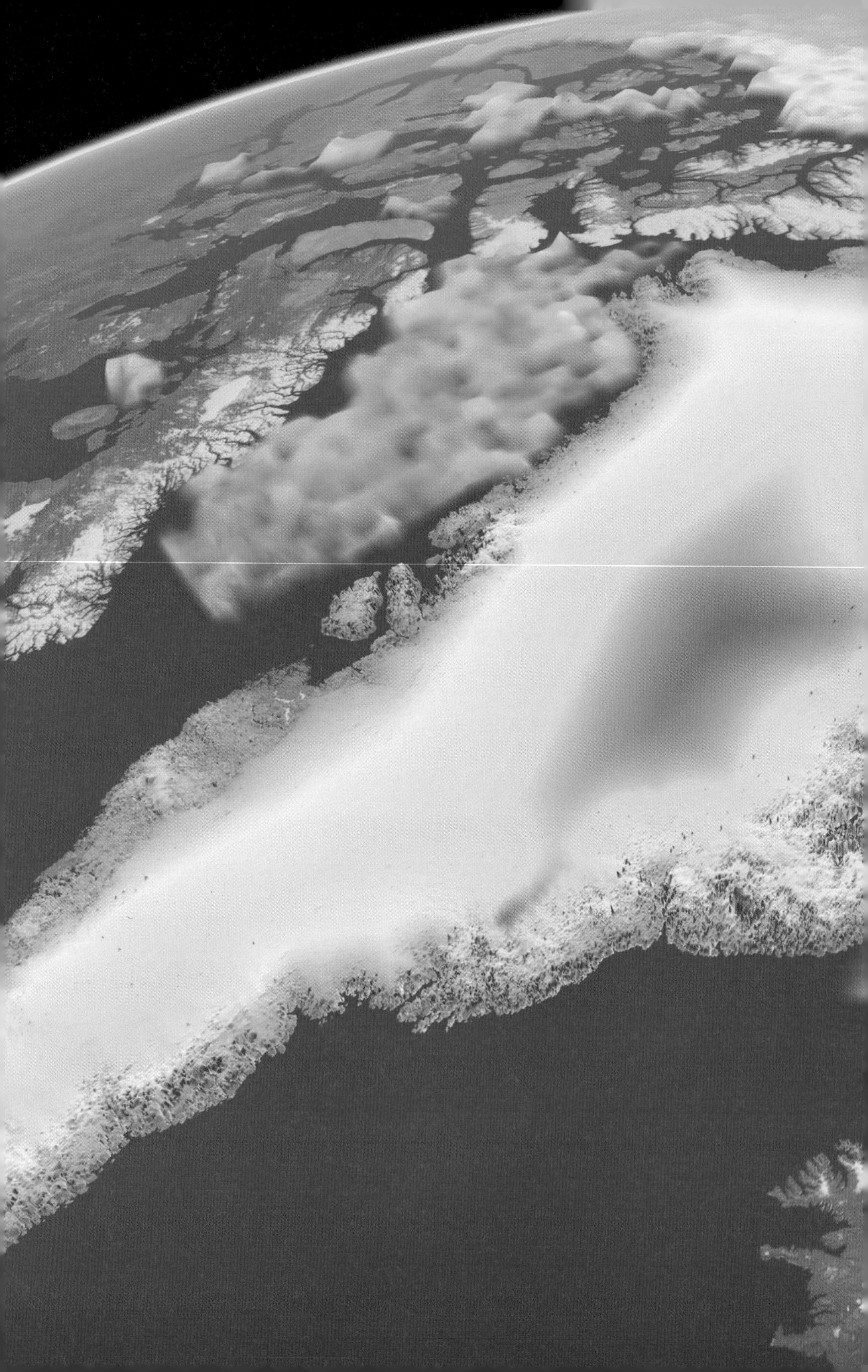

1장

원격탐사란 무엇인가?

하늘에서 내려다본 지구의 모습은 둥근 공 모양입니다. 땅 위에서는, 아무리 높은 에베레스트 산에 올라가더라도 지구가 둥근지 알 수 없었습니다. 이제는 인공위성과 우주에서 찍은 사진으로 지구가 둥글다는 것을 누구나 눈으로 보고 알 수 있습니다. 백 번 듣는 것보다 한 번 보는 것이 낫다는 것이 실감납니다. 이제는 직접 가보지 않더라도 매일 남극과 북극의 얼음 면적이 어떻게 바뀌는지 알 수 있고, 그 두께가 얼마나 되는지까지도 알 수 있습니다. 바로 인공위성에 의한 원격탐사 덕분에 가능한 일입니다. 그렇다면 원격탐사는 어떻게 이런 걸 알아낼 수 있을까요? 1장에서는 원격탐사의 정의와 다양한 활용방법, 그리고 그 원리에 대해 알아봅니다.

가까이에서는 알 수 없지만 멀리 떨어지면 실체가 보이는 경우가 있습니다.
땅 위에서는 알 수 없지만, 하늘 위로 올라가면 많은 것을 볼 수 있습니다.
바로 원격탐사입니다.

〈투모로우 *The Day After Tomorrow*〉라는 영화가 있다. 지구 대순환이 온난화에 의해 멈추게 되어 중위도권에서 갑작스러운 한파가 몰려온다는 지구 대재앙을 다루는 영화다. 실제 〈투모로우〉 같은 일이 일어나기는 어렵겠지만, 〈투모로우〉에 바탕이 된 과학적 배경은 우리가 이해하고 있어야 한다. 즉 우리가 지구의 어느 곳에 살던 지구라는 하나의 시스템 안에 있고, 내가 사는 곳이 아닌 먼 곳, 예를 들어 극지 같은 곳에서 일어나는 환경 변화가 내 주변의 환경에도 영향을 줄 수 있다는 것을 이해해야 한다는 것이다.

산업화 이후 인간의 발전적인 활동으로 생겨나는 여러 부산물은 이제 인간이 살고 있는 자연 환경의 균형을 깨트리기 시작했다. 급격한 산업화에 의한 이산화탄소의 증가는 이제 모든 사람들이 인지하고 있는 상식이 되었다. 늘어난 이산화탄소에 의한 여러 가지 환경 변화 요인으로 지구가 더워지고 있고, 더워진 지구에서는 곳

곳에서 이상기후에 의한 홍수, 가뭄, 한파, 해수면 상승 등이 발생하고 있다. 이런 일들은 우리가 연일 언론 매체를 통해 인지하고 있는 사건들이다.

그런데 이 큰 지구에서 왜 인간의 작은 활동이 원인이 되어 이상기후 현상이 일어나고 있는 걸까? 아직도 사람들은 그 정확한 이유나 현상에 대한 확실한 근거를 대기에는 지구에 대한 이해가 부족하다. 왜? 지구라는 행성은 인간의 능력으로 이해하고, 그 현상을 추적하기에는 너무 복잡하고 큰 변화를 겪고 있기 때문이라고 할 수 있다. 많은 과학자가 실험실에서 실험을 통해 여러 환경 변화 요인에 대한 연구를 수행하고 그 결과를 갖고 있지만, 지구라는 환경으로 확대할 경우 실험실의 진실이 100퍼센트 맞게 적용되고 있지는 않고 있다. 아마도 지구를 하나의 시스템으로 관측할 수 있는 역량이 있다면, 실험실에서 성취한 모든 결과를 보다 잘 이해하게 되지 않을까 생각한다.

지구는 너무나도 크고 복잡해 인간은 아직까지도 그 변화 상황을 제대로 완전히 이해하지 못하고 있다. 지구의 바깥에서 지구를 자세히 볼 수 있다면, 아마도 지구를 하나의 시스템으로 보다 자세하게 인식할 수 있을 것이다. 바로 이런 이유로 원격탐사가 등장하게 되었다.

인공위성을 이용한 원격탐사가 이런 목적을 충족시키기 위해 탄생했다. 지구의 바깥에서 지구를 자세히 볼 수 있어야만 지구에서 일어나는 일들을 조금이라도 더 자세히 이해하게 될 것이기 때문이다. 초기 실험적 모델로 시작한 인공위성 원격탐사는 이제 지구가 직면한 환경 문제를 다루는 데 있어 가장 필수적인 기술로 발전하고 있다. 미국의 항공우주국NASA, National Space and Space Administration과 유럽우주기구ESA, European Aeronautics Agency가 주축이 되어 진행한 지구관측시스템EOS, Earth Observing System은 이제 전 세계 나라들이 참여하여 그 규모와 기술이 발전하고 있다.

우리가 안방에서 북극의 해빙이 녹고 있는 모습을 볼 수 있는 것도, 인공위성을 이용하여 인간의 접근이 어려울 것 같은 북극 전체의 이미지를 볼 수 있는 것도 인공위성이 없었으면 상상조차 할 수 없는 일일 것이다. 인간의 눈을 상상 이상으로 크게 만든 인공위성 원격탐사에 대한 이야기를 시작해 보겠다.

1 개미가 보는 세상은 우리가 보는 세상과 어떻게 다를까?

가끔 만화영화에서 등장하는 개미의 시각, 우리에게는 아무것도 아닌 것처럼 보이는 잔디나 길바닥의 모래도 아주 큰 나무처럼 개미의 앞길을 방해하고 있다. 개미가 긴 시간을 움직인 거리도 인간이 보고 있는 시야 안이다. 짓궂은 아이가 개미의 앞길을 나무 꼬챙이로 막거나, 개미 집 입구에 물을 부을 때면, 개미는 주변 환경에 큰 이변이 생긴 것을 느끼고 혼란스럽게 이리저리 움직인다. 이들 개미는 우리 발밑에서 한 치 앞도 내다볼 줄 모르는 것처럼 보인다. 물론 주위를 인지하는 방법을 얘기하는 것이 아니다 (사람은 시각으로 주변을 인지하지만, 개미는 더듬이로 인지한다).

만화 영화에서 보듯이 실제 우리는 개미가 보는 것보다 훨씬 넓은 영역을 볼 수 있다. 흔히 개미가 2차원의 평면을 본다고 하면, 인간은 더 높은 곳에서 3차원을 보고 있다고 비유할 수도 있을 것이다. 인공위성 원격탐사가 도입된 이유는 이런 개미의 시각에서 조금이라도 벗어나고자 하는 인간의 지적인 행동 때문이 아닐까?

그림 1-1

개미들이 줄지어 간다. 앞에는 가로막는 것이 하나도 없다. 하지만 개미가 있는 줄기 바로 아래에는 자신의 몸집보다 큰 물방울이 여럿 달려 있다. 개미가 볼 수 없는 것을 우리는 볼 수 있다.

그림 1-2

시각장애인들이 코끼리 이곳저곳을 만지고 있다. 코를 길게 늘여 만지고, 등을 쓰다듬고, 귀를 펼쳐본다. 다리를 문지르기도 한다. 이들은 코끼리가 어떻게 생겼다고 말할까?

위성이 운용된 이후 인류는 더 넓고 먼 곳을 볼 수 있게 되었다.

시각장애인은 코끼리의 모습을 알고 싶어 하지만 전체 모습을 한 장의 사진처럼 완벽하게 이해하기는 어려울 것이다. 여러 명의 시각장애인이 각자의 촉각과 후각, 청각을 동원해서 획득한 정보로는 코끼리의 모습을 알 수 없을 것이다. 하지만 시각장애인이 아닌 일반인은 코끼리의 모습을 알 수 있다. 이 사람이 코끼리의 모습을 시각장애인들에게 설명해 준다면, 시각장애인들은 코끼리의 모습을 그들의 촉각, 후각, 청각으로 획득한 정보와 함께 더 자세히 기억할 수 있을 것이다. 코끼리를 지구라고 가정한다면, 원격탐사는 시각장애인과는 다르게 코끼리의 모습을 볼 수 있게 하는 능력이라고 할 수 있다.

모든 과학은 작은 퍼즐을 맞추어 가는 과정이라고 할 수 있다. 그중에서 자연 현상에 대한 연구는 보다 넓은 시간과 공간에 대한 정보를 기본으로 퍼즐을 맞춰 가는 것이다. 자연현상에 대한 연구에서 원격탐사는 시간과 공간에 대한 한계를 극복하게 해주는 유일한 기술이다. 특히 지구에서 일어나는 자연현상을 마치 한 장의 그림으로 그려낸 것과 같은 역할을 하는 것이다. 과학자들이 지구상에서 획득한 정보 조각에 원격탐사를 이용하여 지구 전체의 밑그림 정보를 추가함으로써 이해의 범위를 넓혀주고 동시에, 직접 획득할 수 없는 정보를 시간과 공간의 한계를 극복하고 자료를 획득할 수 있게 한다.

인공위성 원격탐사는 시간과 공간에 대한 한계를 극복하게 해주는 기술이다. 나무가 아닌 숲을 볼 수 있는 능력을 제공하여, 지구를 마치 실험실 안의 시료처럼 관찰할 수 있게 해준다.

인공위성 원격탐사는 나무가 아닌 숲을 볼 수 있는 능력을 과학자들에 제공함으로써 우리가 살고 있는 지구를 마치 실험실 안에 있는 실험체처럼 컴퓨터 단말기를 이용하여 이리저리 관찰할 수 있게 하였다. 인간의 능력 밖이라고 여겨졌던 자연현상을 직접 눈으로 관측하면서 자연현상의 변화를 이해할 수 있게 한다.

2 원격탐사란 무엇인가?

먼 곳에 있는 사물이나 현상을 직접적인 물리적 접촉 없이 현재의 자리에서 인간의 시각과 감각을 통해 인지하는 기술을 원격탐사라 한다. 과학적인 정의를 하면, 원격탐사remote sensing는 항공기나 인공위성을 이용하여 원거리의 사물이나 공간, 또는 그 공간에서 일어나는 현상에 대한 정보를 관측자의 직접적인 접촉 없이 획득하는 과학 또는 기술을 말한다.

인공위성이나 항공기에 장착(탑재)한 원격탐사 센서를 이용하여 지구표면에서 방출되는 여러 형태의 에너지를 수집하여 그로부터 과학적 의미를 추출하는 것이다. 원격탐사는 태양으로부터 온 에너지가 지구 상에 존재하는 물질에 반사, 산란되어 나오는 에너지를 수집한다. 원격탐사는 관측을 위해 에너지를 수집하는 방법에 따라 능동형 원격탐사active remote sensing와 수동형 원격탐사passive remote sensing로 나눌 수 있다. 능동형은 특정 영역에 정밀탐사가 필요할 경우에 위성에서 직접 에너지를 방사하여 반사되어 오는 에너지를 수집하는 방식을 말한다. 반면 수동형은 태양 에너지가 지구상의 물질에 의해 산란 혹은 반사되는 에너지를 이용하여 넓은 영역에 대해 주기적으로 일정한 정보를 획득할 때 사용하는 방법이다.

> 원격탐사는 멀리 떨어져 있는 사물이나 현상에 대한 정보를 직접적인 접촉 없이 확보하는 기술이다. 관측을 위한 에너지 수집 방법에 따라 수동형과 능동형으로 나눈다.

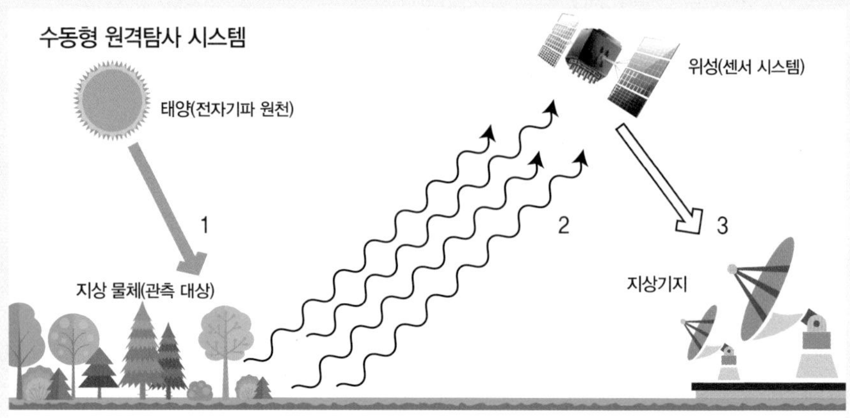

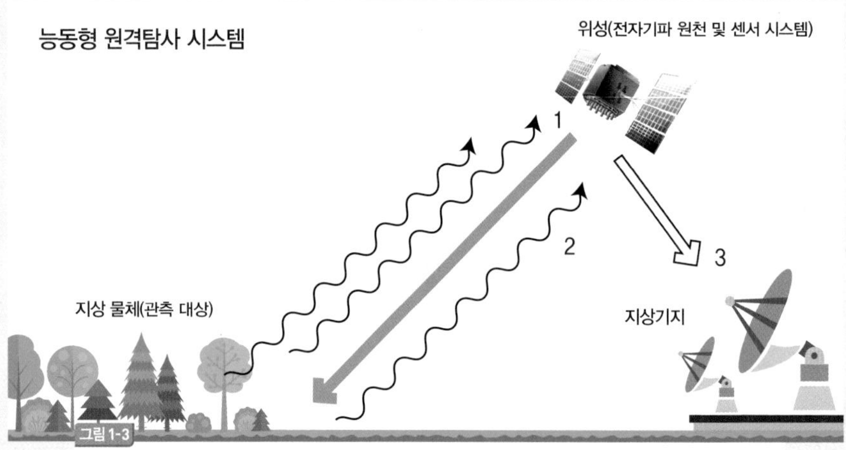

그림 1-3

인공위성 원격탐사에서 사용하는 에너지(1번 화살표)에 따라 분류하는 수동형 원격탐사(위)와 능동형 원격탐사(아래). 수동형 원격탐사는 태양에너지가 사물에 의해 반사되는 양을 측정하는 원격탐사 방법이며, 능동형 원격탐사는 위성에서 직접 에너지를 방사하여 그 에너지가 지상의 목표물에 반사되어 튀어나오는 산란에너지를 측정하는 원격탐사의 형태다.

능동형 원격탐사는 관측 대상물을 관측 또는 감지하기 위해 정밀한 신호를 추출해야 할 경우와, 낮과 밤의 차이에 의한 빛 에너지의 변동 또는 구름 등 대기 상태에 의해 지표상 대상물 관측에 간섭받을 경우를 피하기 위해 사용하는 방법이다. 인공위성이나 항공기와 같이 원격탐사 센서를 탑재한 탑재체로부터 에너지를 직접 방사하여 목적물에서 반사되어 돌아오는 신호를 재수집하는 원격탐사 기법이다. 능동형 원격탐사의 경우는 관측하고자 하는 목적물의 대상과 성질에 따라 다양한 종류의 에너지를 사용함으로써 정밀한 정보를 대기 상태의 간섭 없이 획득할 수 있다. 하지만 많은 양의 에너지를 위성 자체로부터 사용하기 때문에 넓은 영역 장시간 관측하기보다는 특정 영역에 대해 짧은 시간 관측하는 데 주로 사용된다. 또한 정밀한 원격탐사를 수행하기 때문에 1회 관측 시 생산되는 자료의 양이 많아진다. 이 때문에 획득되는 정보의 양이 정밀할수록 관측 가능 영역은 상대적으로 좁아진다. 능동형 원격탐사는 물질의 산란을 유도하기 위한 에너지를 위성 자체에서 생산하기 때문에 구름이나 바람, 강우, 증발량 등 작은 입자성 물질을 탐지하는데 주로 사용된다.

능동형 원격탐사는 정밀한 신호를 추출해야 할 경우, 혹은 지표 위 관측물을 가리는 구름 등이 있거나 낮과 밤의 변화에 따라 달라지는 에너지 변동을 확인하는 데 주로 활용된다.

반면에 전 지구를 관측하는 위성 센서의 경우 획득하는 자료의 정밀도가 일반적으로 수백 미터에서 수 킬로미터의 공간해상도를 가지고 있는데, 이는 능동형 원격탐사에서 획득하는 자료의 공간해상도 수십 센티미터에서 수백 미터보다 낮은 경우가 대부분이다. 주로 태양에서 나오는 에너지를 관측 목적에 맞게 수집하는 경우를 수동형 원격탐사라 한다. 일반적인 원격탐사에서는 태양에서 나오는 여러 종류의 에너지를 이용하는 경우가 더 많다. 에너지원을 따로 사용하지 않아도 되기 때문에 넓은 공간을 주기적으로 오래 관측하는 시스템에서 주로 사용한다. 이중 대표적인 경우가 사람의 눈으로 인지 가능한 가시광선(400-700nm)을 이용한 광학 원격탐사로, 수집된 자료로부터 가장 직관적인 정보를 얻을 수 있다. 인공위성으로부터 획득한 지구의 푸른 모습Blue Marble이 대표적인 예다. 하늘에서 고성능 카메라를 이용해서 지상을 촬영한다고 이해하면 된다. 물론 빛의 성질을 대표하는 RGBRed, Green, Blue의 조합을 이용하는 복잡한 기술이 사용된다. 또한 다양한 정보를 지상으로부터 획득하기 위해서는 가시광선 이외의 다른 종류(파장)의 에너지를 활용한다. 눈에 보이지 않는 물리적인 성질을 이용해서 보다 다양한 종류의 과학 정보를 추출할 수 있다.

태양에서 온 에너지가 관측물에 반사 혹은 산란된 후 관측 목적에 맞게 수집하여 분석하는 경우를 수동형 원격탐사라 한다. 넓은 공간을 주기적으로 오래 관측할 때 주로 활용된다. 가시광선을 활용하면 눈으로 볼 수 있는 직관적인 정보를 얻을 수 있다.

태양에서 나오는 에너지의 스펙트럼에는

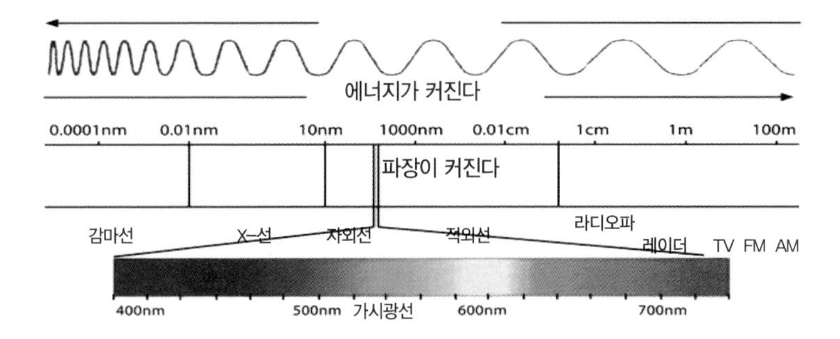

그림 1-4

태양복사에너지의 스펙트럼과 파장

자외선UV, Ultra Violet 가시광선Visible 그리고 적외선IR, Infrared이 있는데, 이들 각각은 서로 다른 파장을 가지고 있다. 파장은 에너지가 전달되는 모습이라고 생각하면 되는데 흔히 위 아래로 일정한 간격(파장)과 높이(진폭)로 움직이며 진행하는 곡선이다. 파장이 길면 길수록 위 아래로 움직이며 진행하는 에너지의 경로가 커지기 때문에 그 파장보다 작은 입자가 있다면, 그 입자를 마치 비껴가듯이 지나갈 수 있다.

이런 원리를 이용해서 구름 입자보다 큰 파장을 이용하면 구름을 뚫고 지구표면의 정보를 획득할 수 있다. 물론 정보 획득을 위해서는 에너지의 세기와 전달 속도, 파장이 동시 고려되어야 한다.

하늘에 구름이 잔뜩 껴 있다면, 혹은 깜깜한 밤이라면, 어떻게 원격탐사로 지상을 관측할 수 있을까? 만약 구름을 뚫고 지나가는 에너지가 있다면? 그리고 인공위성에서 그 에너지를 감지할 수 있다면 가능하지 않을까?

태양에서 나오는 에너지의 스펙트럼에는 자외선**UV, Ultra Violet**과 가시광선**Visible** 그리고 적외선**IR, Infrared**이 있는데, 이들 각각은 서로 다른 파장을 가지고 있다. 파장은 에너지가 전달되는 모습이라고 생각하면 된다. 흔히 위아래로 일정한 간격(파장)과 높이(위상)로 움직이며 진행하는 곡선이라 생각하면 된다. 파장이 길면 길수록 위 아래로 움직이며 진행하는 에너지의 경로가 커지기 때문에 그 파장보다 작은 입자가 있다면, 그 입자를 마치 비껴가듯이 지나갈 수 있다. 구름을 이루고 있는 입자(응결입자 등)보다 큰 파장을 가지고 있으면, 에너지는 마치 구름을 뚫고 가는 것 처럼 보이지만 실제는 입자를 피해서 지나간다. 파장의 크기에 따라 구름입자를 빗겨 가기도 하고 구름입자와 부딪히기도 한다. 이 성질을 이용해서 구름을 측정할 때는 파장을 좁혀 구름 입자와 충돌이 생기게 하는 방법으로 구름의 두께를 측정하거나, 구름을 이루는 입자의 특성을 파악하는 원격탐사 기법을 사용한다.

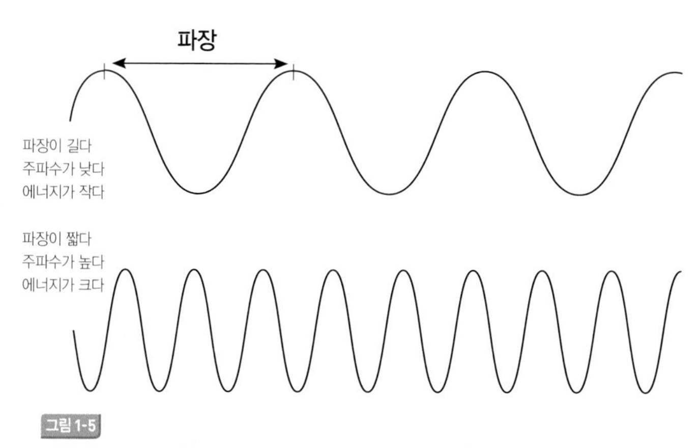

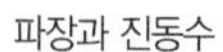

파장과 진동수

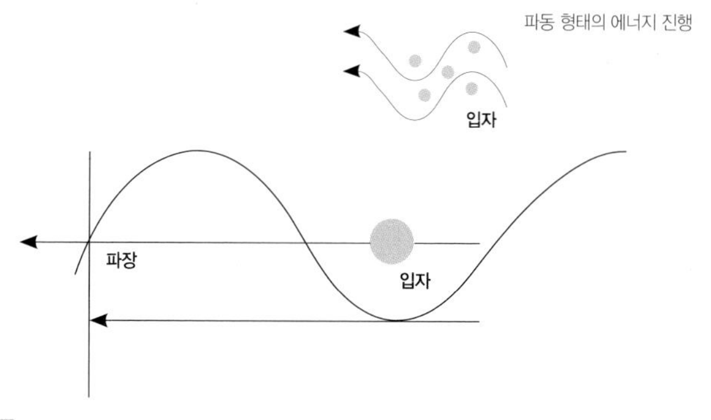

그림 1-6

파장과 입자
파장이 입자의 크기보다 크다면, 입자를 비껴 지나간다.

구름 입자보다 큰 파장을 이용하면 구름을 뚫고 지상을 관측할 수 있다. 마이크로파가 이 조건을 만족시킨다. 그래서 마이크로파를 이용한 원격탐사를 전천후 원격탐사라고 한다.

이러한 조건을 만족시키는 에너지 파장을 마이크로파라 하고 일반적으로 파장이 1mm에서 1m까지의 전자기파다. 마이크로파를 이용하는 원격탐사 기술을 흔히 기상에 영향을 받지 않는 전천후 원격탐사라 부르는 이유가 여기 있다. 구름을 투과하는 기능도 있지만, 오히려 파장을 조절함으로써 구름 입자를 감지할 수도 있는 기술이다. 마이크로파를 사용하는 기술은 가시광선과 다르게 색을 가지고 있지 않기 때문에 획득된 영상에서 사진과 같은 색 정보는 얻을 수 없다. 즉, 다양한 진동수를 가진 신호들이 만들어 낸 신호의 조합을 복잡한 계산을 통해 재현해 내기 때문에 가시광선을 이용한 사진과 같은 자료와는 다르게 대부분의 영상레이더자료는 흑백(강약을 표현)으로 나타내며, 관측대상의 물리적 성질에 따라 다른 색으로 색을 부여하여 표현하는 방법을 사용한다.

마이크로파를 이용하는 원격탐사 중 정밀한 관측이 가능한 원격탐사 기술이 개구합성영상레이더**SAR, Synthetic Aperture Radar**라고 부르는 것이다. 개구합성이라는 용어를 사용하는 것도 짧은 시간에 많은 양의 마이크로파를 수신한다는 의미로 위성이나 비행기에서 짧은 시간 동안 많은 양의 마이크로파 신호를 방사하여 관측 대상 물질에 부딪힌 후 돌아오는 여러 신호를 개구(즉 열려 있는)를

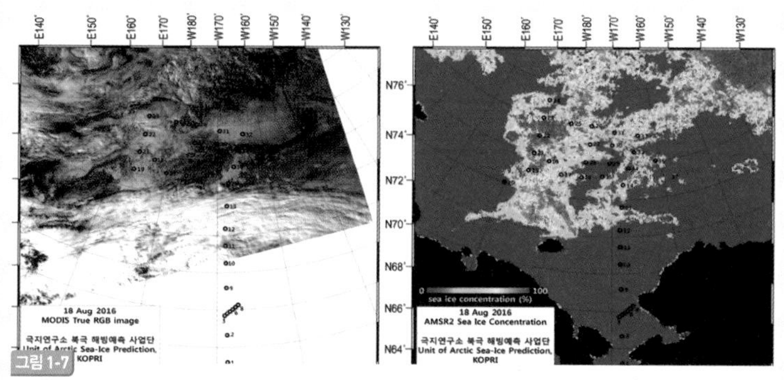

그림 1-7

가시광선을 이용하는 MODIS(왼쪽)와 수동형 마이크로파를 이용하여 구름 아래의 해빙을 관측하는 AMSR2(일본JAXA의 GCOM-W1에 탑재된 센서)의 SAR영상(오른쪽). MODIS 영상은 북극해 관측 영역을 하늘에서 본 모습으로 구름과 해빙 및 바다의 표면이 보인다. AMSR2 SAR 영상은 마이크로파를 이용하여 구름 아래 해빙의 농도를 추정하고 있다. 수동형 마이크로파의 경우 공간 해상도가 낮기 때문에 MODIS의 광학영상처럼 정밀한 관측값을 제공할 수는 없지만, 구름을 투과하여 해빙의 농도를 제공해 주고 있다(2016년 8월 16일 자료). 그림에서 둥근 원과 숫자는 쇄빙연구선 아라온호가 이동하면서 현장조사를 수행한 정점의 위치를 표시하고 있다

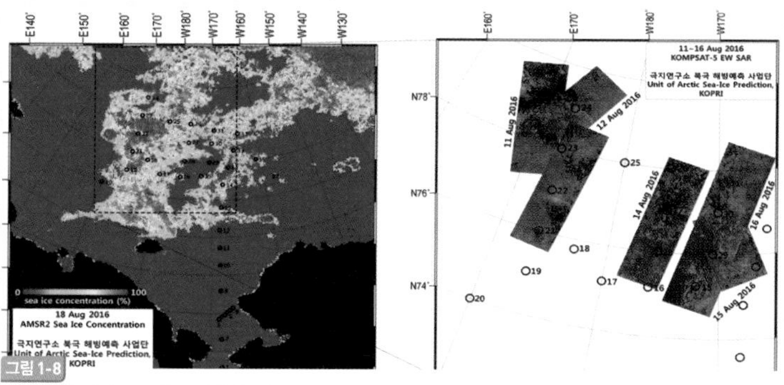

그림 1-8

수동형 마이크로파를 사용한 해빙 농도영상(왼쪽)과 능동형 마이크로파를 사용한 영상(오른쪽). 수동형 마이크로파를 사용한 AMSR2는 공간해상도 6.25km의 해빙 농도 자료를 제공하고 있다. 오른쪽 그림은 능동형 마이크로파의 예로, 한국의 아리랑 5호에서 추출한 해빙의 공간 분포를 나타내고 있으며, 해상도 30m급의 영상으로 위성에서 한 번에 관측할 수 있는 폭(foot print)이 100km정도로 좁다. 아리랑 5호의 경우 최대 1m급까지 관측 가능하다. 해상도가 올라갈수록 관측폭은 상대적으로 좁아져 최대 해상도일 때 관측폭은 30km정도가 된다

전자기파

전자기파EMR, Electromagnetic Radiation는 말 그대로 전기장과 자기장의 두 가지 성분이 서로 직교하는 형태로 구성된 파동을 말한다. 전자기파는 광자를 매개로 각 파동과 수직인 면을 따라 광속으로 전파한다. 파장의 길이에 따라 감마선, X선, 자외선, 가시광선, 적외선, 전파 등으로 나뉜다. 가시광선을 제외한 모든 전자기파는 우리 눈에 보이지 않는다. 전자기파는 제임스 맥스웰James Clerk Maxwell, 1831~1879이 1860년대에 개념화했으며, 전기장과 자기장의 파동 방정식을 유도하여 전기장과 자기장의 파동 성질을 밝혀냈다. 그리고 맥스웰의 방정식은 독일의 하인리히 헤르츠Heinrich Rudolf Hertz, 1857~1894의 라디오 실험으로 입증되었다. 헤르츠의 공적에 의해 주파수나 진동수의 단위로 헤르츠라는 단위를 사용하게 된다. 제임스 클러크 맥스웰은 스코틀랜드 에든버러에서 태어난 영국의 이론 물리학자이자 수학자이다. 맥스웰은 전기 및 자기 현상에 대한 기초를 마련하였다. 수학에 뛰어났던 맥스웰은 페러데이의 유도 법칙, 쿨롱의 법칙 등 전자기 이론을 수식적으로 정리하여 맥스웰 방정식을 만들었다. 맥스웰은 1964년 "전자기에 관한 역학 이론"을 발표하여 빛이 전기와 자기에 의한 전자기파(파동)라는 것을 증명하였다. 또한 맥스웰은 컬러 사진을 최초로 만든 사람이기도 하다. 1861년 맥스웰은 빛의 삼원색인 빨강, 초록, 파랑을 찾아내어 이들의 혼합으로 모든 색을 표현할 수 있다는 것을 응용하여 컬러사진을 제작하였다.

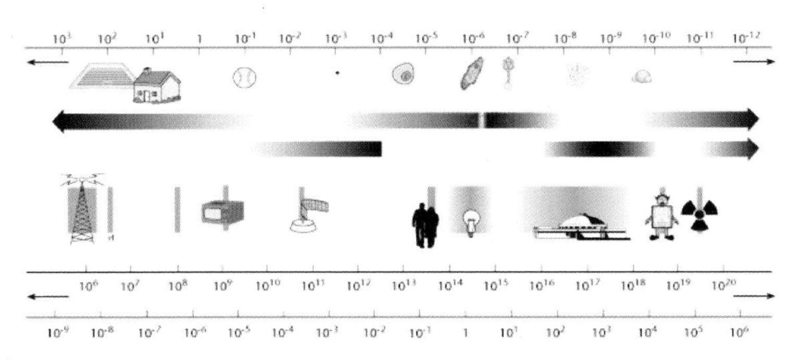

그림 1-9

전자기 스펙트럼

그림 1-10

제임스 클러크 맥스웰

통해 많은 신호를 수신하여 합성하는 방법으로 관측 대상 물체 보다 더 정밀하게 탐지할 수 있는 기술이다. 방사한 신호가 목적물에 부딪혀 돌아오는 신호를 움직이는 위성이나 항공기에서 수집함으로써 하나의 목적물에 대해 많은 양의 신호를 수신할 수 있기 때문에 SAR 원격탐사가 마이크로파를 사용하는 원격탐사 방법의 가장 일반적인 방법으로 사용되고 있다.

3 극지 원격탐사

인간이 하늘 위의 우주를 동경하여 별을 관측하는 것이 원격탐사의 또 다른 좋은 예다. 지구가 속해 있는 우주를 이해하기 위해 원거리를 관측할 수 있는 망원경을 발달시켜 우주를 관측할 수 있게 되었고, 망원경에 대한 개념이 확대되면서 다양한 종류의 에너지를 이용해서 먼 우주의 별을 관측하고 있다. 망원경은 렌즈나 거울 등의 광학기기를 이용하여 가시광선, 적외선, 자외선, 엑스선 등의 전파를 모아 멀리 있는 물체를 관측하는 장치다. 망원경은 사용하는 전자기파의 파장에 따라 광학 망원경과 전파 망원경으로 분류한다. 최초의 망원경은 1608년 네덜란드에서 한스 리퍼세이 등이 발명한 굴절 망원경이며, 갈릴레오 갈릴레이는

우주를 관측하는 망원경도 원격탐사의 일종이다. 렌즈나 거울 등의 광학기기를 이용하여 우주에서 들어오는 다양한 전파를 모아 멀리 있는 물체를 관측한다.

이후에 망원경을 개선하여 천문학 관측에 사용하였다.

지구가 둥글다는 것은 어떻게 알게 됐을까

과거 지구가 평평하고 지구를 중심으로 모든 천체가 돈다고 생각했던 시대에 아리스토텔레스기원전 384-322는 월식 때 태양 빛에 의해 생긴 달 표면의 반원형의 그림자로부터 지구의 모습이 구형이라 생각했지만, 실제 모습을 볼 수는 없었다.

기술의 발달로 1858년 프랑스의 풍자 삽화, 저널리스트이자 기구전문가인 나다르Nadar, 본명 가스파르 펠릭스 투르나숑 Gaspard-Felix Tournachon, 1820-1910이 자신의 기구에서 1858년 세계 최초로

그림 1-11

1858년 프랑스의 풍자 삽화가이자 사진작가인 나다르 (본명, 가스파르 펠릭스 투르나숑, 1820.4.1-1910.3.23)가 자신의 기구에서 최초로 파리 전경을 공중에서 촬영한다. 왼쪽 그림은 화가 도오미에가 그린 나다르에 대한 풍자화, 제목: "사진을 예술의 영역으로 높이는 나다르 (1861년작), 오른쪽은 나라르가 1868년 기구를 이용하여 공중에서 촬영한 파리 전경(The Art de Triomphe and the Grand Boulevards, Paris, From a Balloon, 1868).

공중 사진을 찍었다. 이 사진이 항공 사진의 최초이지만, 이 사진은 현재 보존되어 있지 않다. 현재 보존되어 있는 제일 오래된 항공 사진은 제임스 웰리스 블랙이 1860년 10월 13일 계류기구에서 촬영한 보스톤의 사진이다.

2차 대전 종료 후 미국으로 망명한 독일인 과학자, 베르너 폰 브라운은 1947년 10월 24일 2차대전 당시 나치에 의해 개발 중이었

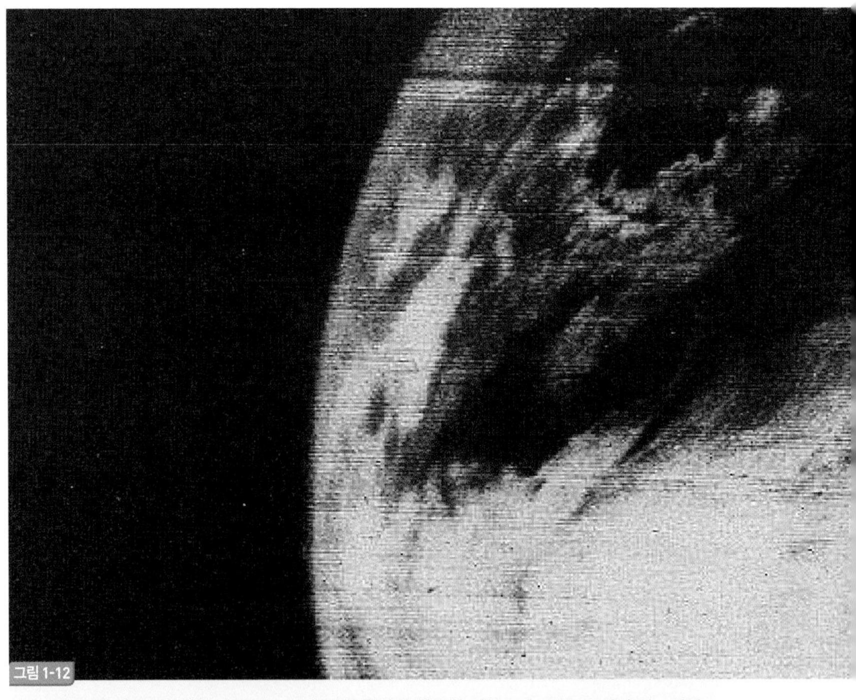

그림 1-12

1960년 4월 1일 기상위성인 TIROS-1에 의해 촬영된 최초의 지구 모습. TIROS시리즈는 대기권 밖의 우주에서 대기권의 구름 모습과 거대한 폭풍 등의 사진을 촬영하여 기상학자들에게 정보를 제공한다. 이로써 실제 구름의 공간 분포와 폭풍 등의 위치를 파악 할 수 있게 되어 기상학의 발전에 획기적인 기여를 하게 된다.

던 V2Vergeltungswaffe-2 로켓을 미국에서 완성시켜, 뉴맥시코서 발사하여 하늘에서 본 지평선의 모습을 찍었다.

위성에서 바라본 지구의 모습은 TIROS-1Television Infrared Observation Satellite 기상위성에 의해 최초로 촬영된다. TIROS-1 위성은 최초의 저궤도 기상위성으로 1960년 4월 1일 미국의 플로리다에서 발사되었고, 지구 관측을 최초로 수행한 위성이다. 이후 1966년 5월 구소련이 발사한 몰리냐 1호에 의해 지구의 모습이 흑백으로 촬영된다. 이후 미국은 1967년 1월 ATS-1Applications Technology Satellite-1으로 지구의 대기 모습이 변하는 것을 나타내는 최초의 타임랩스time lapse 동영상 촬영에 성공한다.

미국에서 1967년 7월 1일에 Titan IIIC로켓에 실려 발사된 DODGEDepartment of Defense Gravity Experiment 위성에서 지구 전체를 포함한 컬러 사진을 최초로 만든다. 이후 1967년 11월에 발사된 미국의 정지궤도 기상위성인 ATS-3Applications Technology Satellite-3로 고도 약 3만4000km에서 전 지구 모습을 담은 최초의 고화질 컬러 사진을 촬영한다. 구소련의 달 탐사 무인 우주선인 존드 7에 의해 1969년 8월 달을 향한 비행 도중에 지구의 모습을 촬영하고, 최초의 유인 우주선인 미국의 아폴로 8호에 탑승한 승무원인 윌리엄 앤더스가 1968년 12월 달을 향한 비행 도중 지구의 모습을 직접 촬영하였다.

그림 1-13

아폴로8호의 달착륙선 조종사인 윌리엄 앤더스가 촬영한 푸른 지구의 모습

그림 1-14

푸른 지구Blue Marble

북극이 얼음으로 덮여 있다는 것은 어떻게 알게 됐을까?

북극의 얼음이 녹아 줄어들고 있다고 하는데 그걸 어떻게 알게 되었을까? 그곳은 가기도 힘들 뿐 아니라, 북극과 같이 넓은 지역에서 얼음의 부피와 넓이를 일정 시간 간격으로 측정해 비교한다는 것은 거의 불가능 한 일일 텐데 그걸 어떻게 알아냈을까?

사실 북극해 주변에 위치한 나라들은 북극해 연안에서 일어나는 해빙 변화에 대한 정보를 오래전부터 가지고 있었다. 하지만 인접국 연안의 정보에 해당하는 국지적인 정보들이어서 인접국을 제외하고는 연안 해빙 정보를 잘 알 수가 없었다.

노르웨이의 유명한 탐험가인 프리초프 난센Fridtjof Nansen, 1861~1930이 말한 것처럼 인류 역사 이전에 북극을 누가 탐험했는지 알 수 없다고 고대 스칸디나비아 인을 포함해 많은 인접국의 탐험가들에 의해 해빙 정보가 기록이 되었겠지만, 대부분 국지적인 기록들로 오늘날 우리가 알고 있는 북극의 해빙 정보처럼 북극해 전체에 대한 직관적인 정보는 아니었다. 11세기에서 17세기에 접어들어 바렌츠 해와 카라 해를 포함한 북미대륙의 북서 연안과 시베리아의 북쪽 연안 및 베링 해에 대한 광역 지도와 해역의 설명이 이 구간을 오고 가는 배들에 의해 기록되기 시작했다. 하지만 이런 정보는 한시적으로 획득된 일회성 정보로 시간에 따른 해빙의 변화나 공간적인 차이는 기록되지 않았다. 항공기를 활용하기 시작하면서 비로소 제대로 된 해빙 정보를 연안국들에 의해 알 수 있게 되었다.

해빙에 대한 최초 원격관측은 북극점에 도달하기 위해 1897년 기구를 타고 탐험에 나섰던 스웨덴의 살로몬 어거스트 앙드레 **Salomon August Andree, 1854~1897**가 수행하였다. 하지만 앙드레는 북극점에 도달하기 전에 강한 바람과 기구에 맺힌 얼음에 의해 해빙 위에 떨어진다. 비록 그의 시도는 실패했지만, 같이 동행한 사진 작가와 함께 북극 연안의 해빙 모습을 기록하게 되며 해빙탐사에 대한 항공탐사의 역사를 남긴다. 1903년 12월 17일 미국의 윌버와 오빌 라이트 형제가 첫 번째 비행기를 이용한 비행을 시도한다. 이후 비행술의 빠른 발달로 1909년에는 서로 다른 나라에서 77회에 이르는 비행 관측을 수행한다. 많은 비행 관측으로 인해 이 시대에는 항공 비행이 수송이나 전투를 위한 수단보다는 땅과 바다를 관측하는 기기로 생각될 정도였다. 1913년에 항공기를 이용한 해빙 관측이 제안되고, 1914년 8월 8일 러시아 조종사인 얀 나구르스키 **Yan Nagursky**가 북극 얼음 위를 최초로 비행하게 되고, 8월 9일에서 31일 사이에 4번의 추가적인 북극 얼음 탐사 비행을 수행한다. 이로부터 비행기를 이용한 해빙 원격탐사의 공식적인 역사가 시작된다. 이후 비행기를 이용한 해빙 원격탐사가 북극해 연안에서 지속적으로 수행되었지만 특정 해역에 대한 정보만을 획득할 수 있었다.

1960년 발사된 미국의 Tiros-1위성은 구름 관측을 위해 TV카메라를 장착하고 있었는데 1961년 위성영상을 이용해 해빙을 관측할 수 있음을 처음으로 일반에게 알리게 된다. 이후 1966년 미국에서 발사한 Essa-2위성은 복사계측장치Scanning Radiometer를 탑재하게 되는데, 이를 이용하여 지상 1000km의 관측폭을 2.5-8km까지의 공간해상도로 측정할 수 있었다. 같은 해 러시아 인공위성인 Meteor-1시리즈가 2개의 TV 카메라를 이용해서 고도 600-700km에서 지상 1000km 관측폭에 대해 해상도 1.5-2km의 영상을 촬영해서 육상의 수신시설로 송신하기 시작한다. 이렇게 수신된 영상이 최초로 위성을 이용한 해빙 지도를 만드는데 사용되었다.

하지만 초기 가시광선을 이용한 해빙 영상 촬영 기법으로는 구름이 많이 생기는 북극 날씨에 효과적이지 못했다. 1983년 9월 28일 발사된 Okean 시리즈부터 마이크로파를 이용한 SLRSide Looking Radar을 장착하여 기상에 간섭을 받지 않고 해빙을 위성으로부터 관측하기 시작한다. Okean은 대양을 뜻하는 러시아어로 해양 관측을 위한 위성이라는 의미로 지어진 이름이다. Okean 시리즈는 날씨와 태양 빛의 양에 간섭을 받지 않는 마이크로파 관측 자료를

1960년 인공위성에 장착된 TV 카메라를 통해 처음으로 북극 해빙을 촬영한다. 1983년에는 날씨와 태양 빛의 양에 간섭을 받지 않는 마이크로파를 이용하여 해빙을 관측한다. 북극항로 항해 지원을 위한 관측으로 시작하여, 북극이 해빙으로 덮여있다는 것과 정밀한 해빙 차트를 그때부터 제공하기 시작한다.

이용해서 북극항로Northern Sea Route의 항해 지원을 위해 사용되기 시작했다. 항해 지원을 위해서는 위성에서 관측된 자료의 빠른 처리가 필요하기 때문에 자료처리 기법도 이때 같이 발전하기 시작하지만, 당시 컴퓨터의 기능과 위성이 가지고 있는 저장장치의 한계로 바렌츠 해와 카라 해 주변에 대한 해빙 정보만 제공할 수 있었다. 1980년대 이미 16척의 쇄빙선과 200-300대의 수송선이 유럽에서 카라 해까지의 연안을 따라 발전한 북극항로를 이용하고 있었으며, 위성자료는 이 항로를 운항하는 배들에게 해빙 정보가 들어 있는 해빙 차트를 제공하고 있었다.

1978년 6월 27일에 발사된 미국의 Seasat은 SAR을 탑재한 첫 번째 전 지구의 해양관측 위성이었는데 1978년 10월 10일 발사된 지 106일 만에 위성의 전기시스템 고장으로 작동을 멈추게 된다. 하지만 이 기간 동안 보포트 해에 대한 100여장의 위성 자료를 거의 매일 생산하여 해빙의 일별 움직임을 파악할 수 있을 정도의 정보를 제공하기 시작했다. 비록 짧은 기간 동안 자료를 생산했지만, 이 자료로 마이크로파를 이용한 SAR자료가 해빙의 정밀 자료를 생산하여 과학적인 면과 실용적인 면에 활용이 가능하다는 것을 증명하게 되었다. 이후 여러 종류의 진동수를 가진 마이크로파의

SAR를 개발하게 된다.

1987년 7월 구소련은 새로 개발한 SAR를 탑재한 COSMOS-1870 위성을 발사하여 본격적인 해빙 관측 임무를 시작하고 이 임무는 1989년 7월까지 수행된다. 대부분 SAR를 탑재한 위성들이 저궤도를 이용하도록 설계되어 위성의 운용 궤도에서 오는 한계로 극점에 가까운 고위도를 관측할 수 없었지만, SAR 기법을 이용해서 남극과 북극 주변의 얼음을 동시 관측하기 시작한다. 간헐적으로 획득된 남북극의 위성 자료의 분석을 통해 해빙의 규모와 해빙의 두께, 해빙의 연령 등 해빙과 관련한 여러 정보를 추출할 수 있다는 가능성을 가지게 되어 여러 관련 기술이 개발되기 시작한다. 이는 SAR기법을 사용함으로써 단순한 이미지 위성 자료가 아닌 해빙의 물리적인 특성까지 추정할 수 있는 기술들이 개발되기 시작했다는 것을 의미한다.

유럽연합도 1991년에 발사된 ERS-1위성부터 SAR를 탑재하여 해빙의 물리적 특성을 연구하기 시작한다. ERS-1은 공간해상도 26–30m급의 정밀 고해상도 자료 생산이 가능해서 SAR을 이용한 해빙 연구는 보다 활기를 띠게 된다. ERS-1에 이어서 유럽연합이 준비한 ERS시리즈를 발사하는데 그 두 번째 위성인 ERS-2를 1995년 4월에 발사하여 1995년 8월 중순부터는 ERS-1과 ERS-2를 하루 간격으로 같은 지역을 관측하게 하는 방식tandem mode을 9

개월간 운영한다. 일정한 시차를 두고 동일 지역을 지나가는 기법을 사용해서 해빙의 물리적 특성 변화를 보다 정밀히 관측할 수 있게 되어 해빙 관측 기술이 또 한 번 획기적으로 발전하게 된다. 이후 이러한 효용성 덕분에 노르웨이는 고위도권 국가라는 지리적 위치를 이용하여 위성의 자료 수신 기지를 건설하여 세계 각국의 극궤도 위성으로부터 자료를 수신받아 전달하는 중개자 역할을 하게 되고, 캐나다, 독일, 일본, 미국 등에서도 지속적으로 SAR을 탑재한 위성을 운용하게 된다.

대부분의 고해상도 위성 영상은 지상의 관측 공간 범위가 제한적이라는 한계가 있다. 이는 하나의 영상이 가지는 해상도를 유지하기 위해 하나의 영상당 생산되는 자료 용량이 제한적이어야 하는 물리적인 한계(저장용량 및 자료 전송의 제약) 때문이다. 그래서 수동형 원격탐사에 마이크로파 센서를 탑재한 위성을 운용하기 시작한다. 수동형은 위성에서 감지하는 에너지가 태양에 의해 생성된 에너지이기 때문에 위성자료가 가지는 공간해상도가 5-10km급으로 SAR보다 낮다. 반면 자료의 용량이 적기 때문에 1회 관측 시 최대 1500km 정도의 넓은 지상의 공간을 관측할 수 있다. 미국에서 1987년 6월 DMSP**Defense Meteorological Satellite Program** 위성 F8에 SSM/I**Spectral Sensor Microwave Imager**를 탑재하여 극궤도를 돌면서 극 지역의 해빙 정보를 1회 관측 시 지상 1400km의 폭을 공간해상도 12.5km로 관측하기 시작한다. 이후 계속 발사되는 DMSP 시리즈에서 F10, F11, F12, F13, F15, F17위성에 SSM/I가 탑재되어 오늘날까지 계속 임무를 수행하고 있다. DMSP 시리즈로 오늘날 우리가 언론 매체 등을 통해 익숙한 북극의 해빙 일변화 자료를 생산하게 되었다.

수동형 마이크로파를 이용하면 지구환경 관측 영역의 효율이 높아지기 때문에 2001년에 발사된 아쿠아Aqua 위성에 일본 항공우주국이 개발하고 미국항공우주국과 공동으로 운용되는 AMSR-EAdvanced Microwave Scanning Radiometer - Earth Observing System 가 탑재되었다. AMSR-E는 SSM/I보다 공간해상도가 뛰어나 최대 5.4km의 공간해상도를 가지고 있고, 한 번에 관측 가능한 지상의 폭은 1445km로 SSM/I보다 개선되어 양질의 해빙 자료를 생산하여 전 세계 과학자들에게 무상으로 배포하기 시작한다. AMSR-E로 수동형 마이크로파를 이용한 전 지구 빙권의 정보를 전 세계 과학자들이 사용하게 됨으로써 일반인들도 보다 친숙하게 북극의 해빙 정보를 접하게 되었다. 그러다 AMSR-E 센서는 2011년 10월 4일 작동을 중지하게 되었고, 일본의 GCOM-W1에 탑재된 AMSR-2가 2012년 5월 18일 발사되어 계속 운용되고 있다.

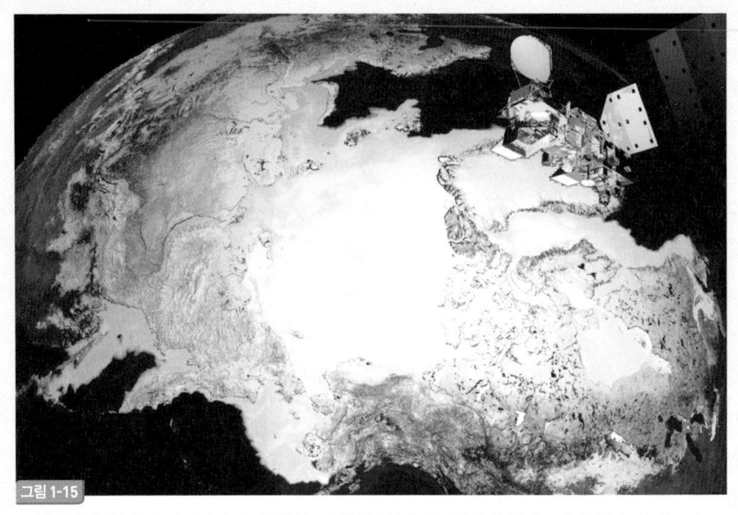

그림 1-15

아쿠아 위성에 탑재된 AMSR-E센서를 이용하여 북극의 해빙의 변화를 관측한다. AMSR-E는 수동 마이크로웨이브를 이용하여 남극과 북극의 해빙 및 눈의 공간 분포에 대한 정보를 수집하여 제공한다.

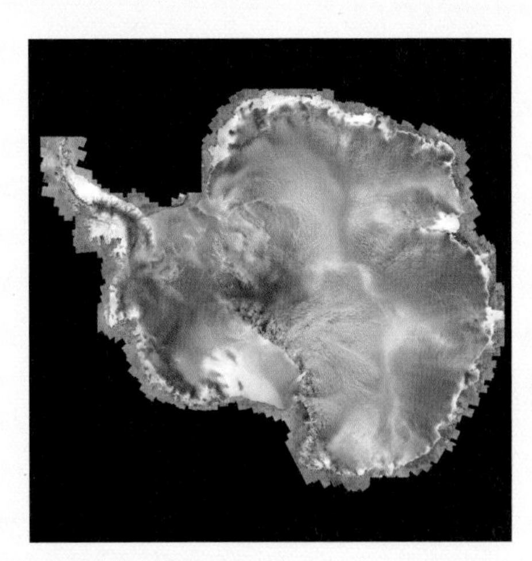

그림 1-16

RAMP의 SAR 관측자료를 이용하여 최초로 구성한 완전한 남극 모자이크 영상.

북극 해빙 탐사는 슬픈 역사와 함께 발전했다.

냉전 시대*에 해빙으로 덮여 있는 북극해는 전략적으로 중요한 해역이었다. 냉전국들 사이에 각 진영의 핵잠수함이 해빙 밑을 지나다닐 경우 상대 진영에서는 전략적으로 큰 타격을 받을 수 있었있었다. 이렇게 해빙의 특성에 대한 정보를 많이 가지고 있는 것이 전략적으로 중요하게 되었다.

각국에서 북극해 해빙 탐사를 위한 많은 연구들이 군사 목적으로 촉발되어 활기를 띠게 되었다. 이런 연구의 진행과 함께 북극해의 해빙을 포함한 극지 해역이 경제, 환경, 기후 측면에서 중요하다는 것을 점진적으로 깨닫게 되어 냉전 이후에도 많은 연구를 지속

그림 1-17

1959년 3월 USS Skate SSN578함이 처음으로 북극점의 빙하를 뚫고 부상했을 때의 모습이다.

* 2차 세계대전 이후 미국과 구소련 및 그들의 동맹국들 사이에서 벌어지는 공공연한 대결 상태의 시대를 말하는데, 1948년에서 1953년 사이가 최대 절정기였다.

적으로 하게 된다.

또한 원격탐사의 정의에 주로 사용되는 인공위성은 대부분 기계적인 기술력 발전을 위한 연구목적으로 탄생했다. 즉, 인공위성들을 이용한 활용은 고려되지 않은 채 위성자체의 기술 개발에 집중되어 있었다.

1972년 12월 11일 발사된 님버스 5호는 위성 자체 개발은 물론 위성 활용을 동시에 고려한 최초의 연구 목적 위성이다. 이 위성은 지구 규모의 기상과 지질 관측을 위해 설계되었다. 님버스 5호에 장착된 ESMR_{Electrically Scanning Microwave Radiometer}센서로 극지 전 지역의 지구 규모 기상과 지질 관측을 최초로 관측할 수 있었다. 또한 이 센서는 극지의 얼음 분포 일간 변화 정보와 얼음의 계절 변화를 관측한 최초의 센서이기도 하다. 인류는 이 센서로 극지역에서 일어나는 여러 변화를 비로소 알게 되었다. ESMR 센서를 통해 극 지역 빙권에 대한 과학 지식을 혁신하는 계기가 되었다고 할 수 있다.

북극해 해빙의 계절 변동 특징 뿐 아니라, 아니라, 남극해에 존재하는 폴리냐polynya에 대한 놀라운 사실도 알게 된다. 폴리냐는 주변이 얼음으로 둘러싸여 있는 바다를 말한다. 즉, 해빙 한가운데에 얼지 않은 즉, 얼음이 없는 바다가 생기는 현상이다. 1974-1976년 사이 남극의 웨델 해에서 여름에 아주 큰 규모의 얼음이 얼지 않은 바다가 얼음으로 둘러싸여 있는 바다 한가운데에 불규칙적으로 발생한 것이 발견된 것이다. 흔히 웨델 폴리냐로 불린다. 크기가 해마다 불규칙하게 변하며, 최초 발견 당시 규모가 3만km^{2}의 크기였다. 한반도의 면적이 약 22만km^{2}인데, 최대 60만km^{2}의 크기까지 확장되기도 하였다.

ESMR은 원래 기상 관측(해양에서의 강우량 측정 등)을 위해 설계되었으나, 기상 관측보다는 해빙 관측에 더 효과적으로 사용되었다. 해양에서 물(유체)과 해빙(고체)의 에너지 복사율에서 오는 큰 차이점을 이용한 서로 다른 두 물질의 구분에 효과적인 역할을 하였다.

ESMR의 자료를 분석하면서 과학 연구 목적에 활용할 수 있는 여러 가능성을 확신한 연구자들은 ESMR보다 성능이 더 개선된 원격탐사 센서를 개발하여 오늘날까지 극 지역에 대한 원격탐사 연구를 발전시키고 있다.

아리랑 위성을 이용한 북극 해빙 탐사

해빙탐사는 주로 극지 관측 위성을 보유한 국가들에 의해 수행되어 왔다. 특히 구름이 많이 생성되는 기상 특성과 연중 수 개월간 해가 뜨지 않는 북극의 환경에서는 마이크로파를 사용하는 영상레이더 원격탐사 자료를 보유한 국가들이 주도적으로 해빙 원격탐사를 주도하고 있다. 일본은 미국과 함께 수동형 마이크로파를 활용하여 극궤도를 도는 위성을 통해 전 지구의 해빙 정보를 제공하고 있다. 또한 캐나다와 독일은 능동형 마이크로파를 사용하여 특정 지역에 대한 고해상도 정밀 해빙 탐사를 진행하고 있다.

2013년 8월 22일 발사된 아리랑 5호 위성은 한국항공우주연구원에서 발사한 지구관측 위성으로 다목적 실용위성 5호KOMPSAT-5(K-5)로도 불린다. 아리랑 5호는 한국에서는 최초의 마이크로파를 사용하는 개구합성영상레이더SAR, Synthetic Aperture Radar 위성으로 날씨에 상관없이 지구 관측을 수행할 수 있다. 극지연구소에서는 아리랑위성을 이용하여 북극의 해빙을 정밀 감시하고 있는데, 한국항공우주연구원과 협업을 통해 아리랑 5호 영상을 준 실시간으로 사용하고 있다. 위성 영상이 필요한 관측 위치 정보를 극지연구소에서 항공우주연구원으로 전달하면, 항공우주연구원은 위성의 궤도 진행 시간을 고려하여 필요한 위치의 영상을 획득해준다. 획득된 영상을 자료 전송시스템을 이용하여 극지연구소에 전송하게 되면 극지연구소는 아리랑 5호 영상을 이용하여 북극의 해빙 정보를 생산한다.

극지연구소에서는 아리랑 5호 위성을 통해 최대 1m의 해상도로 북극해의 해빙을 관찰하고 있다. 구름이 많이 끼고 극야가 있는 북극에서는 마이크로파를 이용한 영상레이더 원격탐사가 주로 진행된다. 해빙에 대한 정보는 주로 두께, 연령, 표면거칠기 등을 말하는데, 해빙이 워낙 다양해 규격화된 정보는 아직 제공하지 못하고 있다.

아리랑 5호 위성은 최대 해상도 1m의

영상을 획득할 수 있다. 수동형 마이크로파를 사용하는 일본의 극궤도 위성 센서인 AMSR-E의 경우 최대 해상도 3.125km에 비하면 아주 정확한 정보를 제공할 수 있는 능력을 갖추고 있다. 위성영상에서 의미 있는 결과를 산출하기 위해서는 현장 경험 값과 비교하는 작업이 필요하다. 능동형 마이크로파를 사용하는 영상레이더를 보유한 각국에서도 위성 관측값의 정밀도 향상과 위성에서 추출 가능한 자료의 종류를 늘리기 위해 많은 연구를 진행하고 있다. 2016년 현재 극지연구소에서도 아리랑 5호를 이용하여 정밀한 해빙 정보를 산출하기 위한 연구를 수행 중이다. 해빙 정보는 일반적으로 해빙 두께, 해빙 연령, 해빙의 표면 거칠기 등을 말하는데, 세계의 모든 기관에서도 해빙의 다양한 형태와 특성 때문에 아직까지도 정확한 해빙 정보를 산출할 수 있는 규격화된 정보를 제공하지 못하고 있다. 대부분 특수한 경우에 대한 정보를 산출하고 있기 때문에, 북극 해빙 전체에 대한 정확한 정보를 위성 자료를 통해 산출하려는 노력을 각국이 수행 중이다.

해빙 정보의 정확도를 높이기 위한 현장 탐사

극지연구소는 각국의 위성자료 사용과 함께 한국의 아리랑 5호 위성 자료를 이용하여 해빙의 특성을 고해상도로 추출하기 위한 연구를 수행 중이다. 매년 한국 극지연구소의 쇄빙연구선 아라온호가 여름철 북극 해양 조사를 수행하고 있으며, 해빙 연구를 위해 아라온호는 해빙을 추적하여 해빙캠프(해빙 위에서 해빙의 특성과 관련한 연구활동을 수행하는 것을 말함)를 수행한다. 이때 아리랑 5호 위성을 이용하여 쇄빙연구선이 해빙캠프를 수행할 수 있는 해빙의 위치를 알려 주고 있으며, 해빙캠프에서 해빙의 물리적 특성에 대한 현장 자료를 획득할 때 동 시간대 아리랑위성을 이용하여 위성 관측값과의 정확성을 개선하기 위한 연구를 진행하고 있다.

아리랑위성 중 아리랑 3호는 광학을 이용하는 위성으로 0.7m급의 고해상도 영상을 획득할 수 있다. 마이크로파를 이용한 영상레이더가 기상과 관계없이 관측 가능한 장점이 있지만, 직관적인 정보 제공 부분에는 광학영상을 대신 할 수 없다. 즉 사진과 같이 우리 눈으로 보는 것과 같은 정보를 제공하는 광학 영상과는 다르게, 신호로만 이루어진 정보를 재해석해야 하는 영상레이더의 장단점이 있기 때문이다. 반면, 이러한 광학영상의 장점에도 불구하고 구름과 일조시간 등 기상에 민감하게 반응하는 특성으로 인해 광학영상을 이용한 극지탐사는 쉽지 않다.

극지연구소에서는 2014년 미국의 MIZ**Marginal Ice Zone** 프로그램과 공동 수행한 북극 해빙에 대한 연구기간 동안 아리랑 3호 위성의 고해상도 광학 영상 획득에 성공하였다. 해빙의 변화에 많은 영향을 주는 것으로 알려진 용융연못**Melt pond**에 대한 연구를 광학과

그림 1-18
아리랑 3호의 광학영상을 이용하여 쇄빙연구선 아라온호의 해빙캠프 연구활동을 모니터링 하고 있다. 해빙캠프는 해빙 위에 연구자들이 직접 올라가 해빙의 여러가지 물리, 화학, 생물적 성질을 조사하는 연구 활동을 하는 일종의 거점기지다.

> 용융연못은 해빙 위에 형성된 연못으로 해빙의 녹는 속도를 가속화한다. 해빙 조사에 용융연못의 생성 기작과 규모에 대한 연구가 활발한 이유다. 극지연구소에서는 해빙 위에 직접 올라가 조사하지 않아도 인공위성을 통해 획득한 자료를 통해 용융연못이 어떻게 변해 가는지 그 과정을 추적하여 용융연못이 바다와 연결되어 해빙이 녹는 것을 가속화한다는 것을 발견했다.

영상레이더 2가지 종류의 자료를 동시에 이용하여 수행하였다. 용융연못은 해빙 위에 형성된 연못으로 해빙의 녹는 속도를 가속화시키는 역할을 한다. 이 때문에 최근에는 해빙연구에 있어 용융연못의 생성 기작과 규모에 대한 연구가 활발히 진행되고 있다. 하지만 용융연못을 조사하기 위해서는 직접 해빙 위에 올라가야만 연구를 진행할 수 있는 제약이 있다. 하지만 해빙 위에 형성된 용융연못을 위성 자료만으로 구별할 수 있다면, 해빙 변화에 대한 많은 궁금증을 풀 수 있게 된다.

극지연구소에서는 아리랑 3호의 광학영상을 영상레이더에서 획득한 자료와 비교하여 용융연못이 시간 경과에 따라 어떻게 변하는지를 알아보았다. 고해상도 광학위성으로 용융연못의 규모와 특성, 즉 용융연못이 해빙 위에 호수처럼 형성된 경우와 해빙을 뚫고 바다와 연결된 경우를 구분하고, 이를 바탕으로 영상레이더에 그 특성을 적용하여 시간에 따라 각각의 특성을 가진 용융연못이 어떻게 변해 가는지를 추적하고 관측하였다. 그 결과 용융연못이 주변의 기온에 따라 다시 얼음으로 변하기도 하고, 바다와 연결되어 해빙의 녹음을 가속화하기도 하는 사실을 발견하였다.

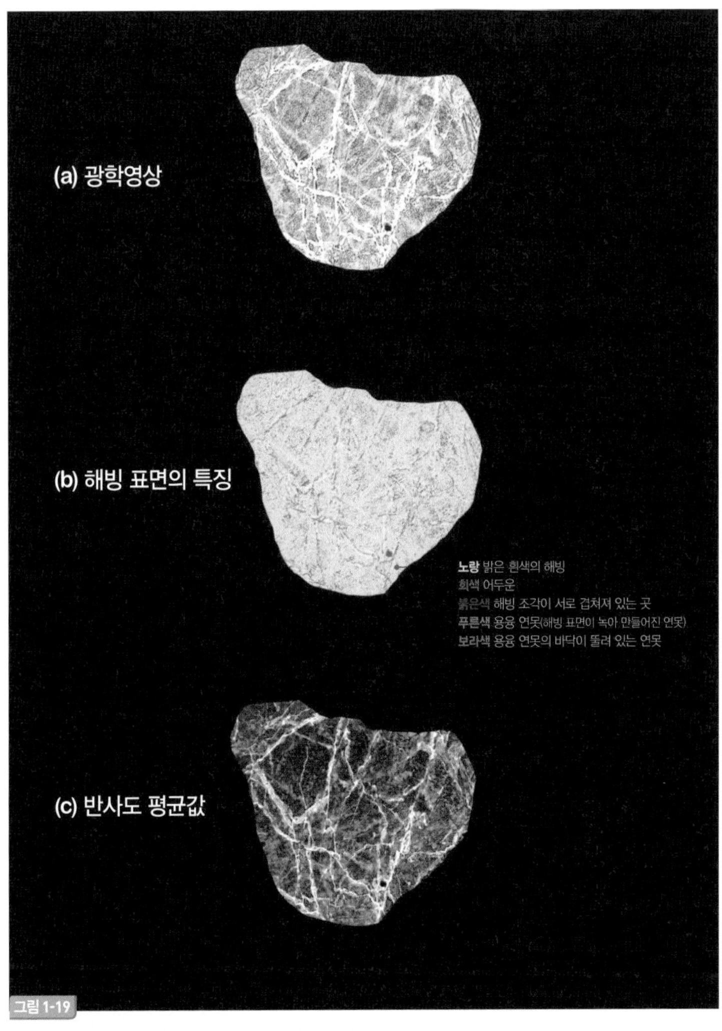

그림 1-19

아리랑 3호로 획득한 광학영상을 기반으로 해빙 위에 형성된 용융연못의 특성을 정의하고, 이를 바탕으로 영상레이더에 적용하여 용융연못의 변화 형태를 추적하였다.

해빙캠프를 제외한 북극 해양연구에서 해빙은 간혹 쇄빙연구선의 안전 운항에 위협적일 때가 있다. 육상에서는 자동차가 주행할 경우 길이나 주변 상황을 모르는 일이 많지 않지만, 북극해에서는 떠다니는 해빙이 간혹 쇄빙연구선의 진로를 방해하기도 한다. 심한 경우는 급변하는 날씨로 쇄빙연구선이 얼음에 둘러싸여 갇히기도 한다. 쇄빙연구선 아라온호는 두께 1m의 얼음을 뚫을 수 있는 쇄빙능력이 있지만, 많은 얼음으로 둘러싸이면, 제한된 연료와 급격한 기온변화로 위험해질 수 있다. 이 때문에 위성자료를 이용하여 주변 환경에 대한 정보를 제공해 주는 것은 아주 중요하다.

기존의 수동형 마이크로파를 사용하는 영상은 매일 자료가 제공되지만, 공간해상도가 6.25km에 불과하므로 아라온호의 전장 110m를 고려하면 큰 도움이 되지 않는다. 반면 능동형 마이크로파를 사용하는 아리랑 5호의 SAR 영상은 최대 1m급의 영상을 제공할 수 있기 때문에 북극해를 운항하는 쇄빙연구선의 안전 운항에 도움을 줄 수 있다. 일반적으로 해상도가 좋으면 영상 전체 면적이 줄어 들게 되어 있다. 또한 매시간 이동하고 있는 쇄빙연구선의 위치를 고려한 위성영상 획득은 쉽지 않다. 이 때문에 극지연구소에서는 공간해상도 20m 이내 급의 영상을 100km×100km 넓이로 관측하는 Wide Swath Mode로 촬영하여 아라온호에 해빙 정보를 제공하고 있다.

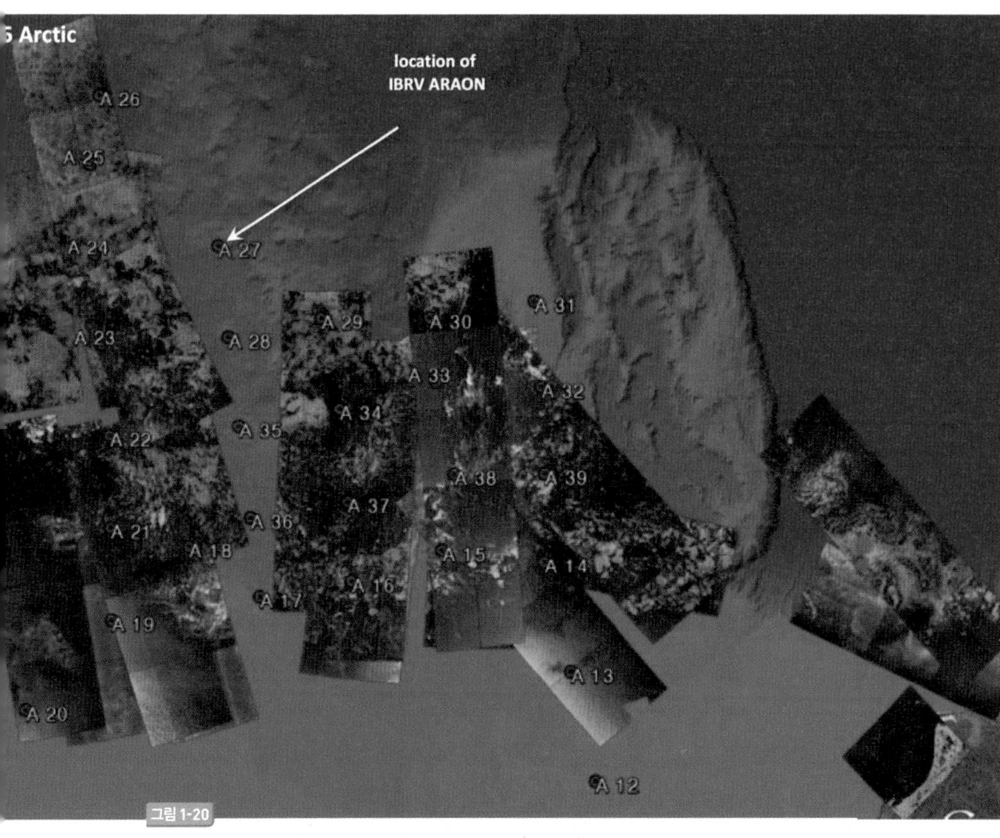

그림 1-20

아리랑 5호의 영상레이더 자료를 이용하여 북극해 현장조사를 수행 중인 쇄빙연구선 아라온호 주변의 해빙 정보를 제공하고 있다. 그림에서 붉은색 점은 쇄빙연구선 아라온호가 북극해 현장조사를 수행하기 위해 정지한 위치를 나타내고, 각 영문자 A와 숫자의 조합은 쇄빙연구선이 해양조사를 위해 정지한 정점을 위치를 표기한 것이다. 회색으로 보이는 띠 모양의 영상이 아리랑 5호로부터 획득된 해빙 영상으로 영상 폭이 100kmx100km 로 촬영된 영상을 연속적으로 표시한 것이다. 이러한 아리랑 5호 영상을 통해 쇄빙연구선 주변의 해빙 상태를 공간 해상도 20m급 이내로 모니터링 할 수 있다.

북극항로

최근 줄어드는 북극의 해빙이 기상변화에 영향을 주고 있지만, 아시아와 유럽을 잇는 화물선의 경우는 북극항로를 이용하는 것이 경비 절감이나 시간 단축이라는 측면에 많은 이점이 있다. 이에 아시아 대륙의 동쪽 끝에 있는 한국의 지리적 위치로 인해 북극항로의 활용은 많은 경제적인 이익을 가져다줄 것이다. 하지만 북극항로는 얼음이 얼지 않는 여름철에만 한시적으로 이용할 수 있다. 또한 일변화가 심한 북극해에서는 바다 위를 떠다니는 유빙이 갑자기 모여 들어 해빙의 군락을 이룰 수도 있다. 유빙에 의해 항로가 차단되기도 한다. 이 때문에 북극항로를 이용하기 위해서는 해빙의 공간 분포에 대한 정보를 많이 가지고 있어야 한다. 능동형 마이크로파를 이용하는 위성을 보유한 나라들에서는 자국의 이익을 위해 위성을 운용하고 있지만, 위성에서 생성한 자료는 많은 비용을 지불해야 사용할 수 있기 때문에 위성 운용국과 이해관계가 없는 국가에서는 그 비용을 감당하기가 쉽지 않다. 또한 정보력이라는 측면에서 북극항로에 대한 정보를 많이 가진 국가가 북극항로에 대한 기득권을 가질 것이다.

아리랑 5호를 이용하여 한국도 북극항로 개발에 적극 활용할 수 있게 되었다. 극지연구소는 향후 활발한 북극항로 활용의 시대를 대비하여 북극항로 개발과 항로 주변의 해빙 변동 예측을 위한 연구를 수행 중이다. 북극항로에 대한 정보를 한국의 위성을 이용해서 확보할 수 있게 되면, 한국의 북극해 활용에 많은 도움을 줄 것이며, 북극 관련 여러 활동을 가속시킬 것이다.

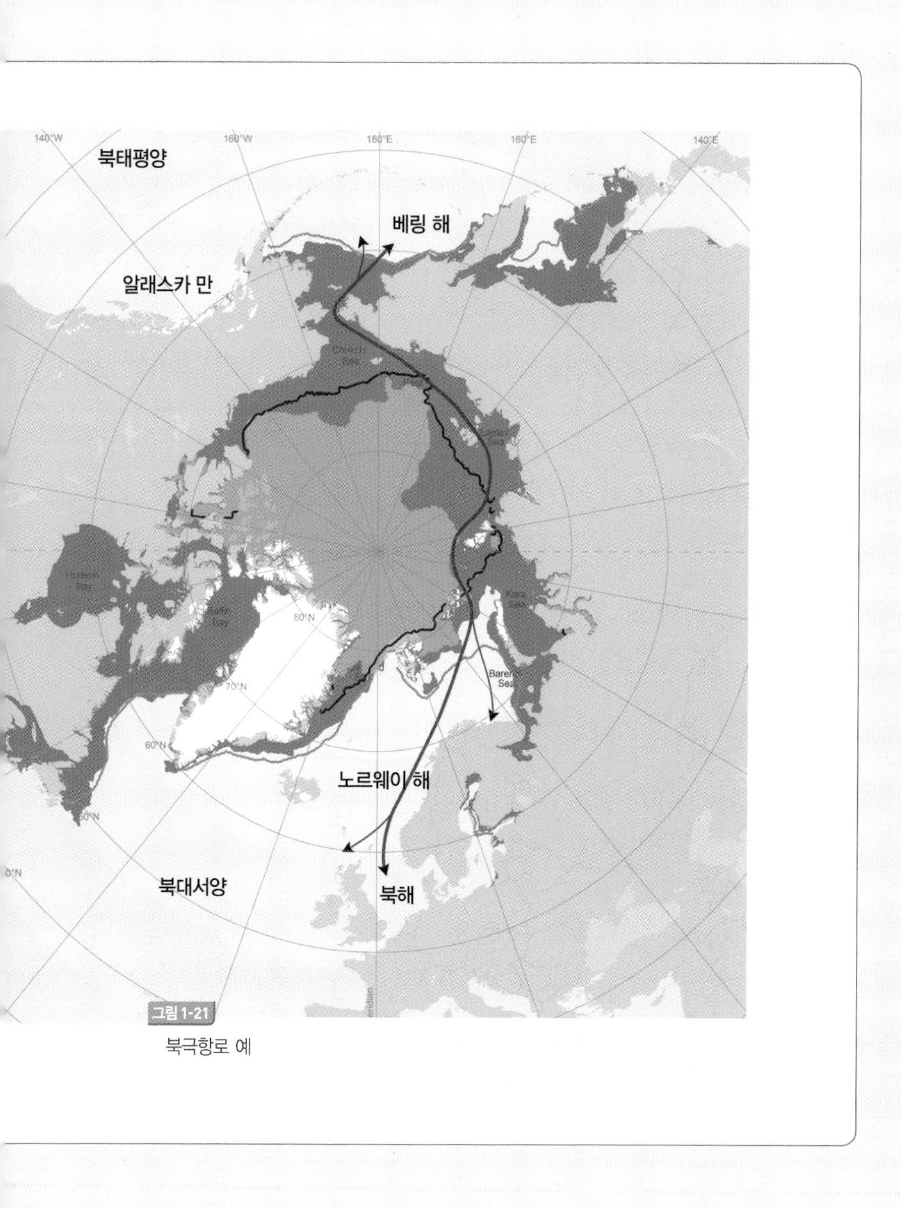

140°W
160°W
180°E
160°E
140°E
북태평양
베링 해
알래스카 만
Chukchi Sea
Laptev Sea
Hudson Bay
Baffin Bay
80°N
Kara Sea
Barents Sea
70°N
60°N
50°N
노르웨이 해
북대서양
북해

그림 1-21
북극항로 예

세계 최초 고해상 영상을 이용한 남극 난센 빙붕 붕괴 추적

2016년 4월 16일 남극 난센 빙붕이 붕괴되었다. 빙붕ice shelf은 남극대륙과 이어져 바다에 떠 있는 100~900m 두께의 얼음 덩어리를 말한다. 난센 빙붕은 극지연구소의 장보고과학기지(남위74도 37.4분, 동경 164도 13.7분에 위치) 남서쪽 약 50km 떨어진 곳에 위치하고 있는 빙붕이다.

2014년 1월 난센 빙붕의 끝부분에 길이 약 30km의 거대한 균열이 발견되었다. 이후 이 균열 사이로 많은 양의 빙하용융수(담수)가 흘러들어 가는 것이 확인되어 극지연구소에서 지속적인 붕괴 모니터링을 수행하고 있었다. 2016년 4월 16일 난센 빙붕 끝부분의 붕괴로 여의도 면적의 약 70배에 해당되는 빙붕이 각각 150km²와 55km² 규모의 두 개의 빙산으로 만들어져서 난센 빙붕으로부터 갈라져 나왔다. 남극의 빙붕 붕괴는 남극 대륙에 남아 있는 빙하의 이동을 촉진시켜 융빙이 가속화되고 해수면 상승에 밀접한 영향을 주기 때문에 각국에서 관심을 가지고 빙붕의 붕괴를 관측하고 있다. 한국은 아리랑 5호를 이용하여 20m급의 고해상도로 빙붕의 붕괴를 관측하고 난센 빙붕에서 떨어져 나온 빙산 2개의 이동 경로를 추적하였다.

난센 빙붕의 붕괴를 미국과 유럽도 자국의 위성을 이용하여 해상도 250m급 수준의 광학 영상을 이용하여 동시에 관측하였지만, 날씨에 영향을 받지 않는 마이크로파를 이용한 영상레이더 자료를 해상도 20m급으로 관측한 나라는 우리나라 뿐이었다.

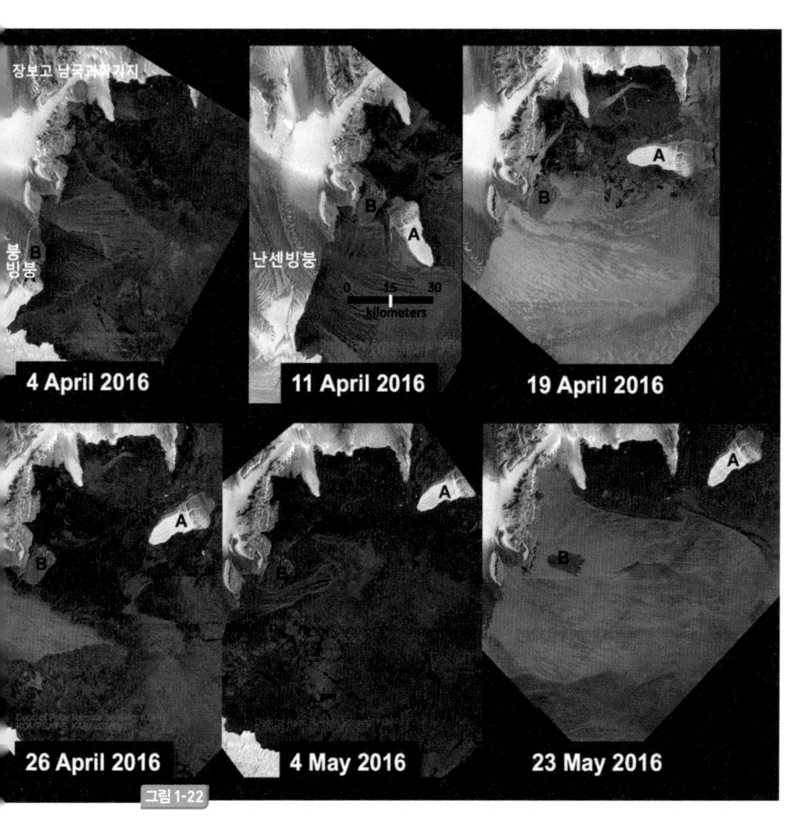

그림 1-22

난센 빙붕에서 붕괴된 빙산은 'C33' 라는 이름으로 불린다. 빙산의 규모가 일정 규모 이상일 경우 C33과 같이 이름을 붙여 지속적인 모니터링을 수행한다. 그림에서 'A'에 해당된다. 반면 그림에서 'B'로 표시된 빙산은 이름이 부여되지 않았다.

님버스 프로그램

님버스 프로그램Nimbus Program은 지구의 기상 시스템에서 중요한 역할을 하는 구름에 대한 정보를 수집하여 기상을 보다 잘 이해하기 위해 시작되었다. 지역적으로 생성되는 구름의 모습을 더 선명하게 기록하고, 낮과 밤 동안 구름의 양과 분포를 비디콘vidicon 카메라와 고해상도 적외선시스템을 이용하여 관측하는 프로그램이었다.

1964년 처음 발사된 님버스 시리즈 위성은 미국의 기상학 분야의 연구개발을 위해 다양한 센서를 탑재하도록 설계된 제2세대 무인 위성으로, 구름, 대기, 오존 그리고 해양의 해빙분포 및 해수면온도 등 지구의 복사 에너지의 양을 관측하는 일을 수행했다. 님버스 1호 위성부터 1978년 10월 24일 발사된 님버스 7호까지 총 7기의 위성이 발사되어 기상정보를 수집하였다. 이 중에 님버스 7호에는 CZCSCoastal Zone Color Scanner라는 해색센서가 인류 최초로 탑재된다. 해색센서는 책 뒷부분에서 자세하게 설명한다.

님버스 1호

1964년 8월 28일 발사되어 1964년 9월 23일까지 운용된 시험 위성이다. 님버스 위성시리즈를 발사하기 위한 시험 모델로서의 역할을 수행하였다. 님버스 1호에는 고해상도 카메라와 고해상도 적외선 시스템을 탑재하여 정밀한 구름 사진을 획득하고, 적외선을 이용하여 밤시간 구름의 양을 관측하는 임무를 수행했다.

님버스 B

1968년 5월 18일 발사되었으며, 계획 단계의 이름은 님버스 2호였으나, 발사 후 2분만에 추락하여 임무를 실행하지 못했기 때문에 님버스 B로 이름을 변경하였다. 님버스 B에는 관측 대상을 넓혀 해양을 포함하는 지구관측 임무를 수행할 예정이었다.

님버스 3호

님버스 3호는 님버스 B호를 개선한 대체 모델로 미국 기상위성 중 밤과 낮 동안 전 지구의 대기온도를 관측한 미국 최초의 기상위성이다. 또한 해양관측과 대기예측 모델수행을 위한 대기자료 수집을 위해 설계되었다. 기존의 님버스 1호와 님버스 B의 기능을 그대로 유지하면서 7개의 추가적인 센서를 탑재하였다. 대기의 온도와 수증기 오존의 수직 구조를 파악하기 위한 IRIS**Infrared Interferometer Spectrometer**, IRIS에서 측정한 대기 온도 등을 상호 비교하기 위한 SIRS**Satellite Infrared Spectrophotometer**, 지상의 부위관측 시스템에서 관측된 자료와의 전송을 위한 IRLS**Interrogation Recording and Location System**, 태양에서 지구의 대기에 도달하는 자외선의 양을 측정하기 위한 MUSE **Monitor of Ultraviolet Solar Energy**, 지상까지 자동 영상 전송이 용이한 고해상도 카메라인 IDC **Image Dissector Camera**, 야간 촬영을 위한 적외선영상장치인 HRIR and MRIR**High Resolution and Medium Resolution Infrared radiometer**를 탑재한 채 1972년 1월 22일까지

미션 임무를 완벽하게 수행하였다.

님버스 4호

1970년 4월 8일 발사된 님버스 4호 위성은 기존 님버스 시리즈와 동일한 목적의 센서를 탑재하여 운용하였으며, 기존 센서 중 SIRS, HRIR와 MRIR를 제거하고, 추가적인 3개의 센서를 탑재하여 대기의 온도, 습도 등의 관측 방법을 다양화하며 기상위성으로서의 관측 범위를 넓혔다. 1980년 9월 3일까지 10년 이상을 운용하며 기상 정보를 연속 수집하였다.

님버스 5호

1972년 12월 11일 델타 로켓에 실려 미국의 반덴버그 공군기지에서 발사되었다. 님버스 5호 위성에서도 기상학적 연구개발에 필요한 새로운 관측 센서를 시험 운용하는 역할을 하였다. 님버스 4호에 실린 9개의 센서에 추가적으로 4개를 더 탑재하여 1983년 3월 29일까지 10년 이상 동안 새로운 기상 센서의 성공적인 운용 임무를 수행하고, 많은 양의 기상 자료를 수집하였다.

님버스 6호

1975년 6월 12일 발사되었으며, 기존의 센서에 추가적인 기상관측 센서를 탑재한다. 님버스 6호 역시 기상학적 연구개발 목적의 임무를 충실히 수행하며, 새로 개발된 위성센서를 시험 운용하는 임무를 수행한다. 1983년 3월 29일까지 계속 운용되었다.

그림 1-23

NASA는 위성을 이용하여 대기권 밖에서 지구환경 변화를 관측하기 위해 7개의 님버스 위성 시리즈를 계획하고 그 중 첫 번째 위성인 님버스 1호를 1964년 발사한다. 님버스(nimbus) 라는 말은 "비구름"이라는 라틴어에서 따온 말로 1964년 부터 1978년까지 14년 동안 총 7개의 위성을 발사하고 그 중 1기는 궤도진입에 실패하지만 운용을 통해 기상학에 큰 공헌을 하게 된다.

님버스 7호

님버스 시리즈의 마지막 위성으로 1978년 10월 24일 발사되어 1994년까지 운용된다. 님버스 7호 위성은 인간의 활동과 자연적인 현상으로 생긴 대기의 오염물질을 전 지구 규모로 최초 측정한다. 50여명의 국제 과학자들이 공동 참여하여 지구시스템에 대한 국제공동 연구를 수행했다. 특히 최초의 해색센서인 CZCS를 시험 운용하는 임무를 수행하며, 전 지구 해양 관측을 위성을 이용해서 할 수 있다는 새로운 가능성을 보여 줬다.

인공위성에 카메라를 달다

지구 주위를 도는 인공위성은 원격탐사의 핵심 중 하나입니다. 우리는 인공위성에 센서를 달아 지구 표면을 관측하고 있습니다. 인공위성은 지상으로 떨어지지도 않고, 서로 부딪치지도 않으면서 끊임없이 움직이고 있습니다. 인공위성은 어떻게 일정한 시간 간격으로 지구 주위를 돌 수 있을까요?

그리고 인공위성은 지구 주위를 돌면서 같은 위치를 관찰하며 그곳의 변화 상황을 기록합니다. 우리가 원격탐사를 할 수 있는 것은 지구 주위를 돌고 있는 인공위성과 지구 변화를 기록할 수 있는 다양한 센서 덕분입니다.

하늘의 인공위성 덕분에 우리는 GPS를 마음껏 이용하고, 바다 건너 먼 곳과도 자유자재로 소식을 주고받습니다. 이런 인공위성은 지구 표면과 하늘의 다양한 현상을 연구하는데도 활용되고 있습니다.

이번 장에서는 올림포스 산에 있는 제우스의 눈에 비친 지구 표면의 모습이 과연 어떨지 알아볼 것이다. 인간의 기술로 제우스의 눈을 흉내낸 원격탐사에 대해 이야기해보자. 대기권 밖의 우주에서 지구의 모습을 사진처럼 볼 수 있는 원격탐사에 대한 이야기다.

1 광학 원격탐사

광학 원격탐사는 원격탐사 기술 중 가장 일반적인 기술 분야다. 광학이라는 단어에서 그 내용을 유추할 수 있듯이 빛의 성질을 이용하는 원격탐사다. 태양에너지 중 가시광선이 지구 상의 물질에 도달한 후 다시 반사되는, 즉 복사량을 센서(또는 카메라)에서 감지(촬영)함으로써 원거리 사물을 인지하는 기술이다.

가시광선을 이용하기 때문에 흔히 '위성사진'이라는 말로 일반인들이 사용하는 원격탐사 분야다. 카메라를 이용한 관측이 가장 단순화된 광학 원격탐사의 예다. 태양에서 나오는 여러 가지 에너지 중 가시광선 영역은 인간의 시각으로 감지할 수 있는 유일한 에너지 영역의 빛이다. 인간이 인지하는 빛(또는 색)은 태양에서 방출된 가시광선이 물체에 흡수되지 않고 반사되어 나온 부분이다. 즉 푸른색으로 보이는 물체는 푸른색을 제외한 대부분 색이 흡수되기 때문에 인간의 눈에 푸른색으로 보인다. 가시광선의 색은 일반인들이 잘 알고 있는 무지개색(빨강, 주황, 노랑, 초록, 파랑, 남색, 보라)으로 요약할 수 있다. 하지만 빛(또는 색)의 종류는 단순히 무지개 색에 한정해서 나눌 수 없다.

광학 원격탐사의 기본 원리는 이런 다양한 빛의 종류를 이용하여 원거리에서 감지된 사물의 빛(또는 색)으로 각각의 빛의 조합이 가지는 특성을 분류하는 기술이다. 앞에서 설명한 빛의 삼원색을 이용하여 각각의 빛 조합을 분해 또는 비교한다.

삼원색의 성질을 이용하여 광학 원격탐사에서는 붉은색-초록색-푸른색을 감지하는 센서를 사용하여 원거리 물체의 특성을 파악한다. 여기서 삼원색을 각 센서에서의 파장대라 하고 일반적으로 RGB^{R: Red, G: Green, B: Blue} 밴드라고 부른다. 밴드는 파장대별 묶음인데, 푸른색B 밴드는 450-520nm, 초록색G 밴드는 520-600nm, 붉은색R 밴드는 630-690nm의 파장대를 갖는다.

원격탐사센서에서 각 RGB밴드의 신호를 감지하여, 이 각각의 색 신호를 조합하는 자료 처리단계를 거쳐 나온 위성자료/위성영상을 RGB영상이라고도 한다.

광학 원격탐사 기술이 발전함에 따라 탐지 가능한 밴드(파장)을

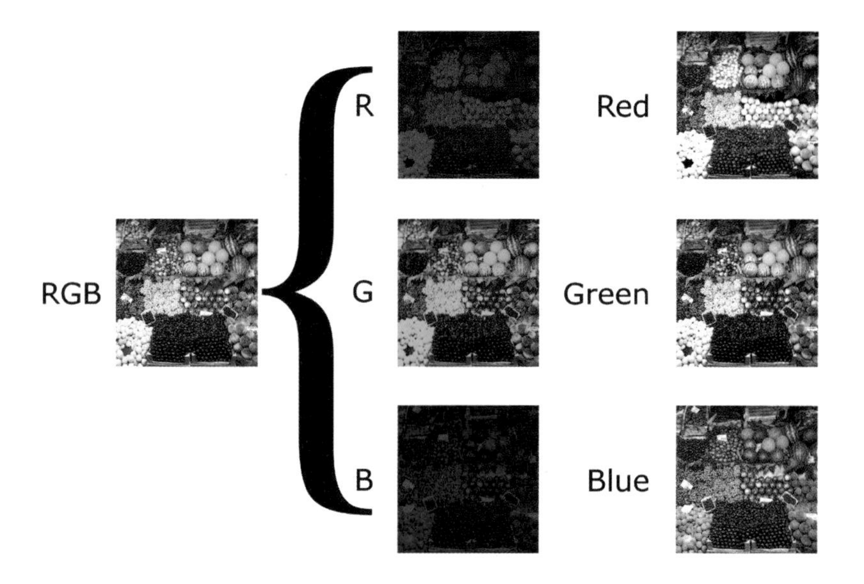

그림 2-1

빛의 삼원색 (붉은색 Red, 초록색 Green, 푸른색 Blue), 광학원격탐사에서는 삼원색을 감지할 수 있는 각각의 파장대를 이용하여, 우리 눈에 보이는 가시광의 영역으로 재현한다. 삼원색 각각의 색은 위성에 일정한 범위의 숫자로 표현되어 감지되며, 각각의 색은 오른쪽의 흑백그림으로 나타난 것과 같이 단일색을 명암비로 표시된다(원격탐사에서는 색의 명암이 흔히 숫자로 표시되며, 가장 기본적인 8 bit 체계를 사용할 경우 2의 8승개의 갯수인 256개를 가지며, 숫자 0–255의 값을 가진다).

보다 세분화하게 된다. 즉 색의 구분을 세분화하여 보다 다양한 종류의 신호를 구분한다. 일반적으로 다중분광센서multispectral sensor는 3~10개 정도의 밴드를 사용하여 사물의 정보를 획득한다. 반면, 초분광센서hyperspectral sensor는 100-500개 정도의 밴드를 사용하여 사물을 관측한다. 예로 파장이 400-700 nm의 가시광선 스펙트럼을 다중분광센서는 3개 정도의 색 영역으로 나누어 각 스펙트럼 영역의 정보를 유추하지만, 초분광센서는 동일한 가시광선 스펙트럼을 100개 이상의 색 영역으로 나누어 정보를 획득한다.

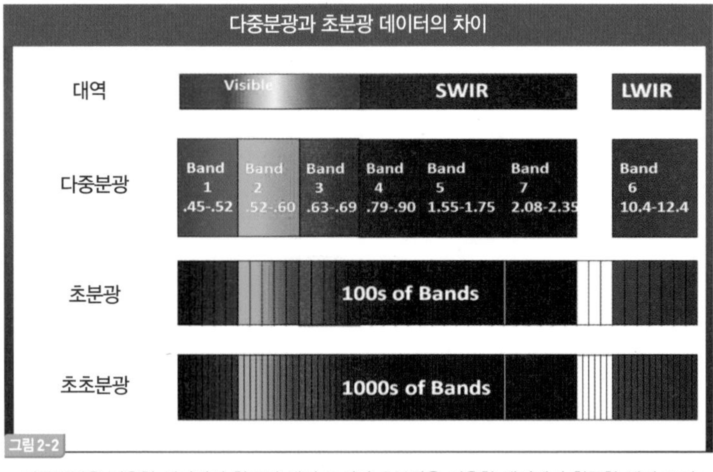

그림 2-2

다중분광을 이용한 센서에서 획득된 색의 구성과 초분광을 이용한 센서에서 획득한 색의 구성이다. 색을 표현할 수 있는 능력이 초분광으로 갈수록 늘어 난다. 초분광을 이용하면 색의 종류를 다양하게 구분할 수 있어서 많은 양의 정보를 산출할 수 있다.

2 인공위성은 어떻게 움직이나

인공위성의 종류

지구 위 궤도를 따라 움직이는 인공위성은 운용 목적에 따라 크게 3가지로 나눌 수 있다. 첫째, 정보통신위성이다. 구형인 지구에서 먼 곳과의 정보 통신을 위해 사용하는 위성이다. 가장 많이 사용 되는 위성으로 방송과 통신에 사용된다. 둘째는 지구상에 있는 사물의 위치정보를 제공해주는 GPSGlobal Positioning Satellite위성이다. 자동 항법 장치 또는 지구상에서의 위치 정보를 필요로 하는 모든 시스템에 공간위치 정보를 제공하는 기능을 한다. 세 번째가 바로 인공위성 원격탐사용 위성으로 지구관측을 목적으로 하는 위성이다.

인공위성의 궤도

인공위성이 움직이는 경로를 궤도라고 한다. 지구는 둥글고 자전을 하고 있기 때문에 위성의 운용 목적에 따라 서로 다른 궤도를 이용한다. 또한 평균 수명이 5년 정도인 위성을 운용하기 위해서는 에너지공급 부분도 고려해야 한다. 물론 대부분 에너지를 태양으로부터 얻고 있지만, 위성 운용에는 많은 에너지가 소비되며, 한 번 발사를 하고 나면 연료 재공급이 불가한 위성의 상황을 고려하

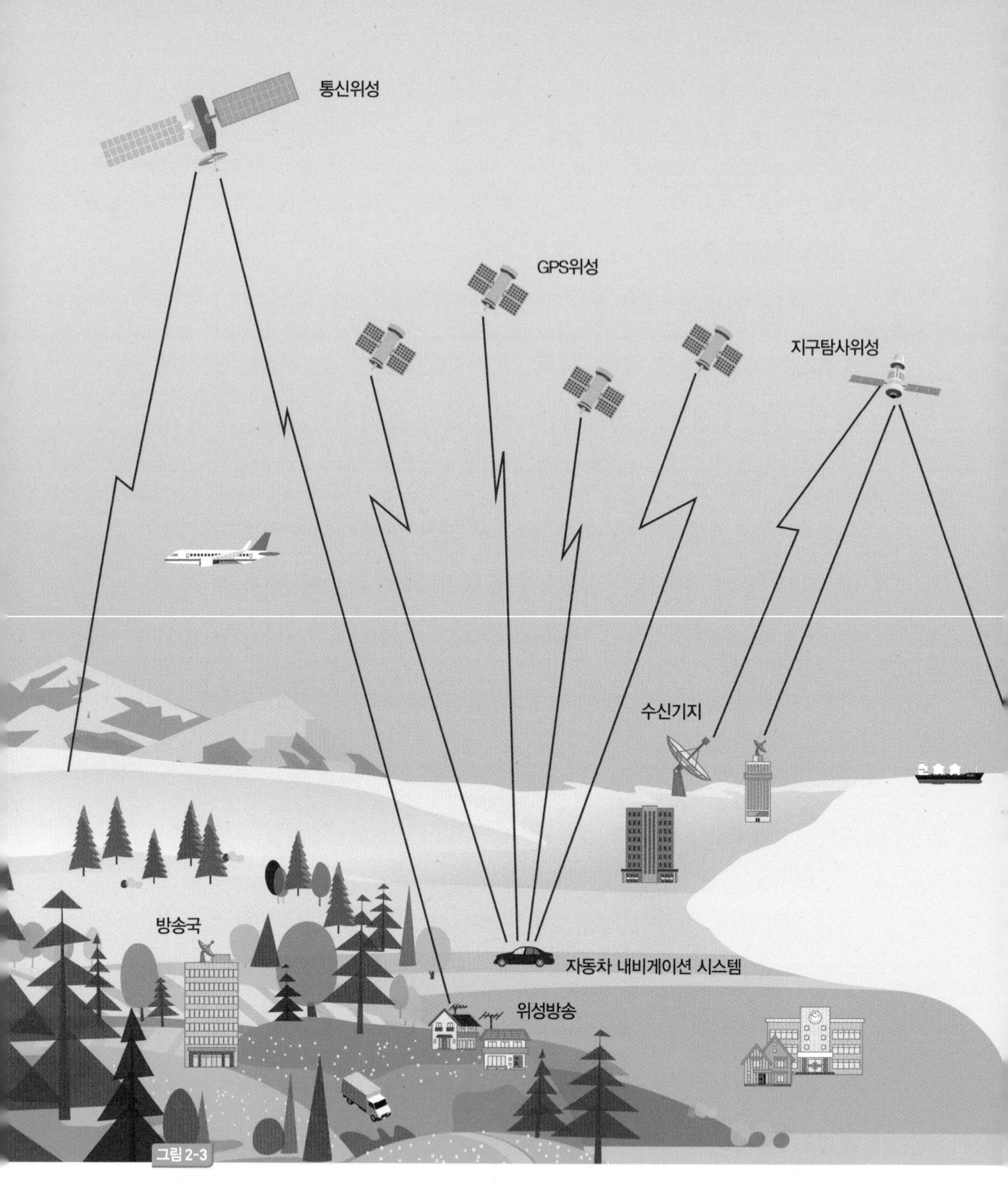

산이나 건물 등 지상의 지형이나 둥근 지구의 표면 구조로 인한 원거리 통신 문제를 해결하기 위한 통신 위성, 지상의 정확한 위치를 확인할 수 있게 하기 위한 GPS위성, 그리고 지구 표면 및 대기의 자연 현상을 관측하기 위한 지구 탐사 위성으로 나눌 수 있다.

여, 한 번의 에너지 공급으로 평균 5 년 정도 운용하기 위한 운용의 효율도 고려해야 한다. 위성을 사용하는 목적에 따라 저궤도와 고궤도 위성으로 나눌 수 있고, 지구의 자연 현상을 관측하는 과학위성은 지구 전체의 표면을 관측하기 위해 저궤도를 사용한다.

위성은 한번 발사되면 평균 5년의 운용기간 동안 에너지를 추가로 공급받기 어렵기 때문에, 태양에너지의 효율적 활용에 집중한다. 위성이 움직이는 경로를 궤도라 하는데, 사용 목적에 따라 정지궤도와 저궤도, 고궤도로 나눈다. 자연현상을 관측하는 과학위성은 저궤도를사용한다.

정지궤도

지구와 같은 자전 속도를 유지하며 지상의 특정지역을 고정 관측하기 위한 위성 궤도를 정지궤도라고 하며, 정지지구궤도 Geostationary Earth Orbit 또는 지구동기적도궤도Geosynchronous Equatorial Orbit, GEO라고도 불린다. 적도 상공 약 3만6000km(고도 35,786km, 지구 중심에서 42,164km)에서 지구 자전과 같은 방향으로 초속 3.07km로 지구 자전과 같은 속도로 움직이는 위성의 궤도를 말한다. 지구 중심에서 42,164km 높이의 고도에서는 궤도를 회전하는 속도가 지구 자전과 같기 때문에 지구에서는 정지해 있는 것처럼 보인다고 해서 정지궤도라 부른다. 일반적으로 통신이나 기상위성들이 정지궤도를 사용한다.

하늘의 한쪽 방향으로 고정된 접시모양의 안테나들을 봤을 것이다. 이러한 안테나들은 정지궤도를 향해 고정된 위치를 향하고 있다. 우리나라의 천리안 위성이 정지궤도 위성으로 세계 최초로 해색센서를 정지궤도에서 운용하고 있다. 그래서 해색센서의 이름도 GOCIGeostationary Ocean Color Imager다. 정지궤도는 기상위성에게는 아주 중요한 궤도다. 특정 지역의 일기 변화를 관측하기 위해서는 고정된 위치에서 관측할 수 있어야 하기 때문에 많은 기상위성들이 정지궤도를 사용하고 있다. 또한 구형인 지구의 모습은 원거리 통신에 방해 요인이 된다. 그렇기 때문에 상공의 고정 위치에서 곡면인 지구 표면의 원거리 두 지점 간의 통신을 중계하는데 정지궤도가 유용하게 사용된다.

저궤도

대부분의 지구 관측 과학위성이 사용하는 궤도로 위성이 관측하고자 하는 대상에 따라 고도가 결정된다. 즉 지구 관측 과학위성은 지구 전체를 관측해야 하기 때문에 지구의 자전과 공전을 적절히 이용할 수 있는 궤도를 사용하여 위성의 움직임에 필요한 에너지를 최소화하면서 지구의 표면을 관측할 수 있다. 또한 특정한 시간에 특정한 지역을 반복해서 관측하기 위해서는 지구가 태양 주위를 따라 이동하는 속도와 동일하게 지구의 주위를 회전하는 궤도을 이용해야 하며 이 궤도를 태양 동기궤도라 한다. 즉, 궤도면과 태양 방향이 이루는 각이 항상 일정한 궤도를 말한다. 태양동기궤

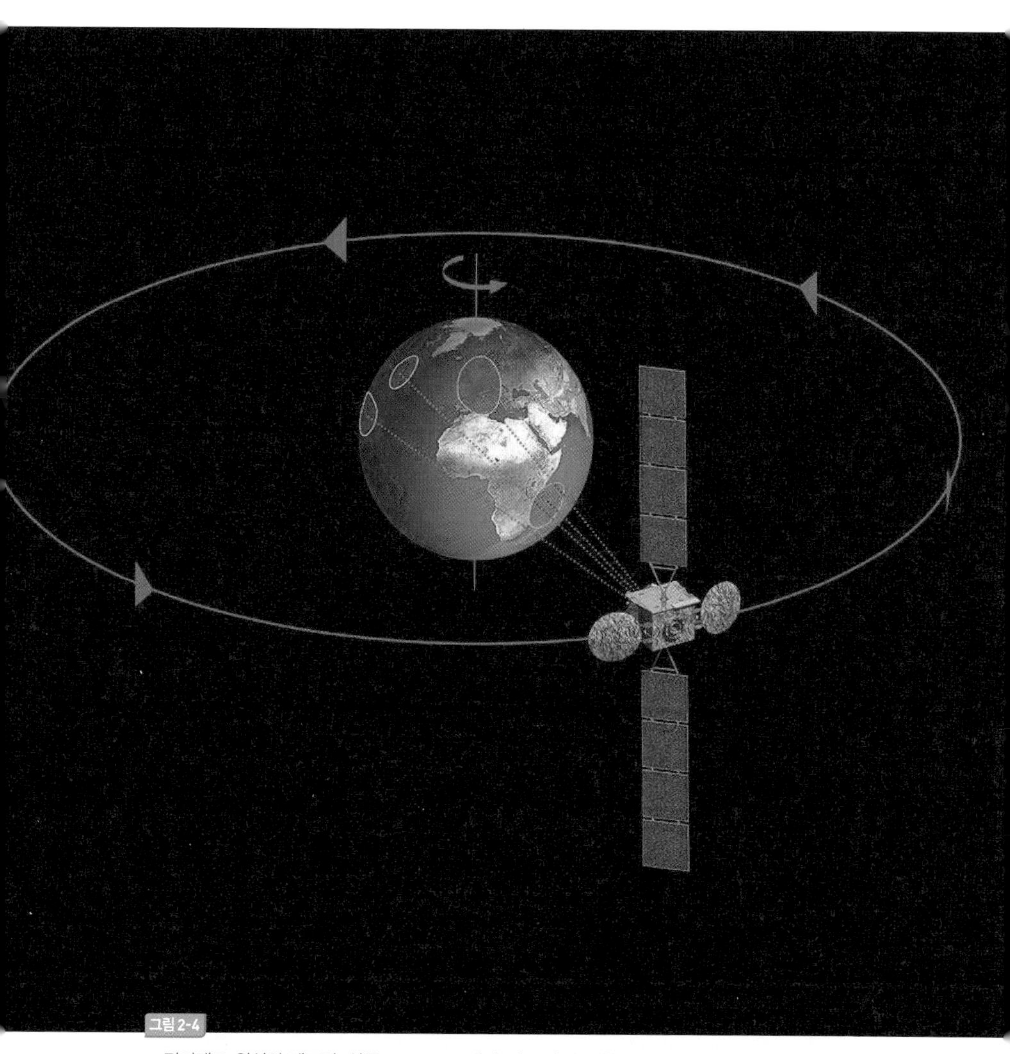

그림 2-4

정지궤도 위성의 궤도면. 상공 36,000km에서 지구 자전 방향으로 자전 속도와 같은 속도로 이동하기 때문에 지구 표면의 특정 지역을 마치 정지해서 관측하는 것처럼 보인다.

도 위성은 적도를 동일한 시간에 지나간다. 예를 들어 테라Terra 위성은 낮 10시 30분에 적도를 지나가고, 아쿠아 위성은 오후 1시 30분경에 적도를 지나간다. 대부분의 미국 항공우주국의 지구관측과학위성들은 북극과 남극에 가까운 상공을 지나가는 극궤도를 이용한다. 인공위성이 극에서 극으로 (남극에서 북극 또는 북극에서 남극 방향) 움직이는 동안 지구는 자전 한다. 위성이 궤도를 한 번 도는 동안 낮인 지상과 밤인 지상을 한 번씩 지나게 되며 대략 99분의 시간을 소요한다. 지구가 자전할 동안 위성은 지구 전체를 약 2번 지나게 되기 때문에 약 2일 후가 되면 지구의 낮 모습만으로 이루어진 지구 전체 표면의 정보가 완성된다. 저궤도 위성의 고도는 지구의 관측면적에 따라 다른데, 극에서 극으로 이동하는 궤도를 갖는 위성은 고도 200-1,000km 상공을 지나간다.

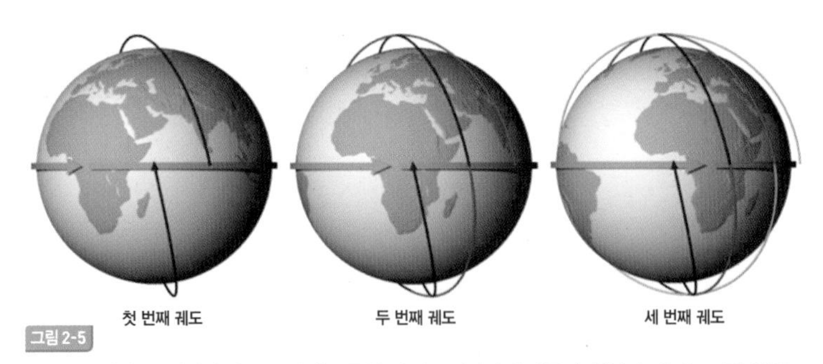

그림 2-5

태양동기궤도. 위성이 적도를 지나는 동안 지구는 자전하기 때문에 위성의 궤도는 자전 방향의 반대 방향으로 일정한 경도만큼 이동한 지구 상공을 지난다.

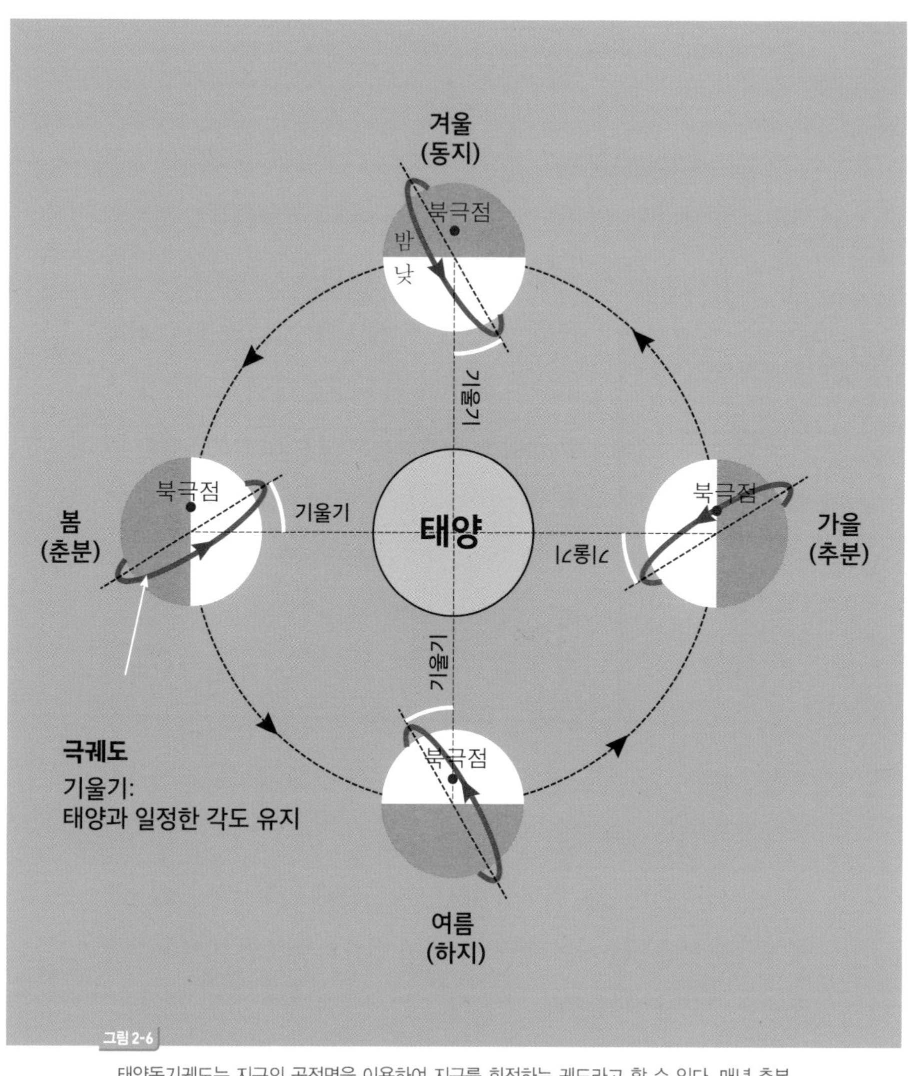

그림 2-6

태양동기궤도는 지구의 공전면을 이용하여 지구를 회전하는 궤도라고 할 수 있다. 매년 춘분과 추분에 공전궤도와 위성의 궤도가 만난다.

3 인공위성을 이용한 지구관측 활동

미국의 지구관측시스템

미국의 항공우주국NASA에서는 1997년부터 인공위성을 이용한 지구환경변화 관측을 위한 지구관측프로그램을 시작했다. 지구를 남북 방향으로 일정한 속도로 회전하는 위성(극궤도 위성)을 이용하여 긴 기간 지구 표면의 변화를 관측하는 지구관측 프로그램을 진행 중이다. 육지의 모양 변화, 숲과 자연의 변화, 대기의 변화, 해양의 변화 및 해양에 존재하는 여러 부유성 생물(식물 플랑크톤) 및 물질 변화 등을 관측하여 지구의 환경변화가 어떻게 진행되고 있는지를 관측하고 있다.

미국 NASA에서는 지구를 남북방향으로 회전하는 극궤도 위성을 이용하여, 긴 기간 지구 표면의 변화를 관측하는 Earth Observing System을 진행하고 있다. 육지의 모양 변화, 숲과 자연의 변화, 대기와 해양의 변화, 해양의 부유성 생물과 물질의 변화 등을 관측하여 지구의 환경변화를 종합적으로 파악하고 있다.

산업혁명 이후 지구환경이 인간의 활동에 의해 급격히 변화하여 온난화의 가속화와 같은 인위적인 현상들이 발생하고 있다. 과학자들은 이러한 현상이 지구상에서 어떠한 형태로 발생하고 있는지를 인공위성을 이용하여 관측함으로써 인류의 현재와 미래의 삶에 도움을 주고자 하고 있다.

미국의 항공우주국 주도 하에 여러 종류의 인공위성을 이용해서 1997년부터 2023년까지 관측 계획을 수립하여 진행하고(2015년

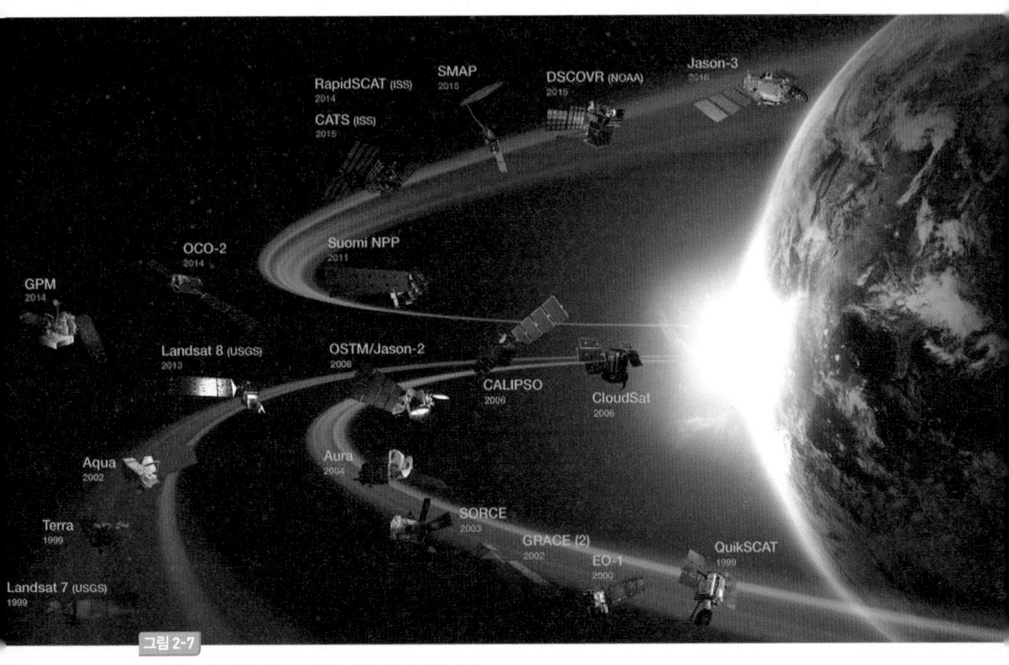

그림 2-7
NASA의 인공위성을 이용한 지구관측시스템 계획도

기준, 그림 2-7 참조). 지구관측시스템Earth Observing System, EOS에는 미국 항공우주국 이외에 여러 위성 보유국들이 함께 참여하여 인공위성을 이용한 종합 관측망을 구축하고 있다.

유럽우주기구의 '살아있는 지구Living Planet' 프로그램:

1977년 Meteosat 위성을 발사한 이후, 유럽우주기구ESA는 지속적으로 위성을 활용한 지구관측을 수행하고 있다. Meteosat 위성을 이용한 지구관측 프로그램이 성공적으로 이루어 지자, Meteosat 후속 시리즈로, ERS-1, ERS-2와 Envisat을 이용해서 지구환경에 대한 정보를 지속적으로 수집하고, 기후 및 환경 변화를

그림 2-8

유럽연합의 코페르니쿠스 프로그램의 일환으로 운영 중인 Sentinel-1A, 2014년 6월 발사되었다.

모니터링하고 있다. ESA에서 지구관측 프로그램을 진행하는 이유는 우리 지구에 대해 많은 정보를 수집하여 많이 알게 될수록 지구의 기후변화를 더 잘 이해할 수 있다는 생각 때문이다.

위성관측을 통해 획득된 많은 정보는 기후변화에 대한 예측을 더 정확하게 하는데 도움을 줄 것이다. 현재는 물론 앞으로 다가올 수십 년에 걸쳐 인류가 직면하게 될 환경문제를 해결하기 위한 과학적인 증거들을 제시할 수 있을 것이라 생각하고 있다. 이를 위해 유럽우주기구는 지구 탐사와 지구 감시 임무를 수행하고 있으며, 지구감시 프로그램 수행을 위해 기상위성들을 활용한 유럽지구감시기구인 Eumetsat^{European Organization for the Exploitation of Meteoroidal Satellite}을 운영 중이다.

또한 지구환경과 관련하여 쉽고 정확하게 언제나 사용할 수 있는 정보를 생산한다는 목표로 코페르니쿠스 프로그램을 가동하고 있다. 코페르니쿠스 프로그램Copernicus Sentinel Mission을 위한 Sentinel 1A 위성을 2014년 4월 발사 성공하여 운영하고 있으며, 계속해서 2015년 6월 Sentinel 2 위성도 발사 성공하여 운용함으로써 지구환경변화에 대해 빠른 대응을 위한 정보를 생산하고자 하고 있다. 유럽우주기구는 최대 30기의 위성을 이용하여 코페르니쿠스 프로그램을 운영할 계획을 가지고 있다.

3장

해색원격탐사

바닷물의 색은 시시각각으로 변합니다. 물 속에 살고 있는 플랑크톤의 양이 늘고 줄면서 녹색으로 되기도 합니다. 땅 위의 식물처럼 플랑크톤의 엽록소에 의해 이런 색이 나타납니다. 이런 색의 변화를 하늘 위에서 관찰하면 바다의 생물 흐름과 양의 변화를 파악할 수 있습니다. 이렇게 바다의 색깔로 바다의 상태를 파악하는 연구방법이 바로 해색원격탐사입니다. 이 장에서는 해색원격탐사의 원리와 특징, 그리고 우리나라의 해색원격탐사에 대해 알아봅니다.

사진은 천리안으로 본 한반도 주변 모습입니다.

남해 바다가 초록색으로 변하는 사진을 종종 보곤 합니다. 바다에 조류가 많이 생겨 그렇다고 합니다. 우리 바다를 맑고 깨끗하게 지키는데, 우리의 인공위성, 우리 원격탐사 기술이 큰 몫을 하고 있습니다.

지구의 온도 순환과 이산화탄소 순환에 중요한 역할을 하는 바다. 우리는 바다의 역할을 어떻게 알 수 있을까?

해색원격탐사는 이러한 바다의 역할을 위성을 이용해서 밝히는 원격탐사 기법으로 바닷속 식물플랑크톤의 양을 빛을 이용해서추정한다.

1 바다의 색은 어떻게 결정될까?

바다의 색, 즉 해색(海色, ocean color)은 물속에 있는 입자들이나 물 위를 떠다니는 부유물들이 태양 빛과 반응하는 과정에서 결정된다. 일반적으로 무지개색을 띠고 있는 태양 빛이 물을 비출 때 일부 빛이 물 입자에 의해 흡수되고 나머지 산란된 빛들이 바다의 색으로 우리 눈에 인식된다.

바다는 흔히 푸른색으로 인식되고 있는데 태양 빛을 구성하는 여러 가지 색의 빛 중에서 장파에 해당하는 붉은색 계열은 흡수되고, 단파에 해당하는 푸른색 계열은 산란된다. 태양 빛이 입자와 만나면, 일부는 입자에 흡수 또는 투과되고, 일부는 입자에 의해 산란 또는 반사된다. 이러한 빛의 흡수, 산란 현상에 의해 바다의 색이 결정된다. 다시 말해서 빛의 흡수와 산란이 바닷속에 존재하는 입자의 종류(크기) 및 산란 특징에 따라 결정되기 때문에 특정한 색을 구성하는 입자(또는 물질)에 대한 정보가 있다면, 눈에 보이는 색으로부터 바다 속에 어떤 종류의 부유물질이나 용해 물질이 있는지 또는 얼마의 양만큼 존재하는지를 추정할 수 있다.

태양 빛이 입자를 만나면 빛은 흡수, 투과되거나 산란, 반사된다. 바닷물이 우리 눈에 푸르게 보이는 것은 붉은색 계열은 흡수하고, 푸른색 계열은 산란하기 때문이다. 이렇게 빛의 흡수와 산란 현상은 바다 속에 존재하는 입자의 종류, 크기와 양에 따라 달라진다. 이런 해색원격탐사를 통해 바닷물에 어떤 부유물질 혹은 용해물질이 있는지 알아낼 수 있다.

2 해색원격탐사란?

해색원격탐사Ocean Color Remote Sensing란, 빛의 흡수 또는 산란 성질을 이용하여 물속(바닷속)에 포함된 물질의 종류나 양을 추정하는 원격탐사 기술이다. 바닷속에서 색의 변화에 기여하는 대표적인 입자(빛의 성질을 설명하기 위해 입자라고 표현)가 바닷물 속에서 떠다니는 식물플랑크톤이다. 식물플랑크톤

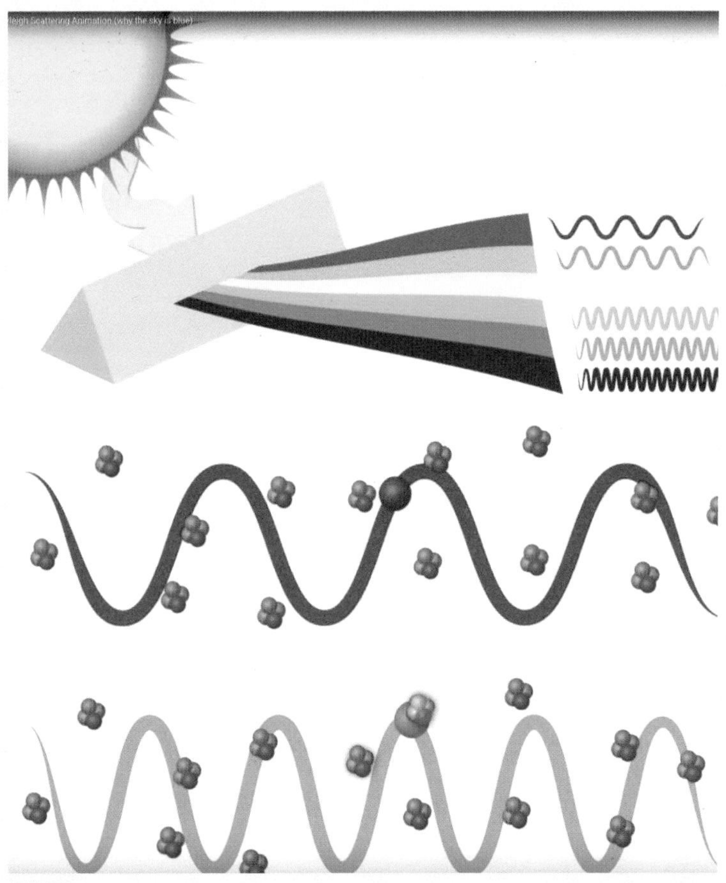

그림 3-1

레일리 산란은 빛의 파장이 입자보다 작을 때 산란이 일어난다. 물속에 비춰진 태양 빛 중에 장파(붉은색 계열)는 흡수되고 단파(푸른색 계열)는 산란되어 바다가 푸른색으로 보인다. 그림처럼 공간에 존재하는 입자가 동일 크기에 정해진 위치에 있다면 그 속을 통과하는 빛 입자 중에서 단파장일수록 입자와 부딪히는 횟수가 장파장보다 많아진다. 입자와의 충돌 과정에서 산란이 일어나기 때문에 붉은색 계열의 장파장보다는 푸른색 계열의 단파장에서 산란이 더 많이 일어난다

그림 3-2

원격탐사 원리. 태양 빛의 분광 특성(투과, 산란, 반사)을 이용하여, 인공위성에서 특정한 가시광선의 영역을 측정하여 지구 표면의 식물플랑크톤 번성 여부, 식생 분포, 바다의 흐름, 표면온도 등 여러 가지 성질을 추정한다

은 자체 운동 능력이 약해서 주로 물의 흐름에 의해 떠다닌다. 또한, 식물플랑크톤은 성장과 번식을 위해 빛을 이용해야 하기 때문에 빛이 도달하는 깊이에 해당하는 물의 상층부에 일반적으로 존재한다. 빛이 도달하는 깊이를 유광층euphotic depth이라 하는데, 해양 생물의 대부분이 여기에 존재한다.

식물플랑크톤은 바다의 상층에 비치는 빛을 이용하여 광합성을 하기 때문에 이를 위해 엽록소라는 초록색 계열의 색소를 가지고 있다. 해색원격탐사는 인공위성을 이용하여 해수의 빛 스펙트럼에서 물속의 초록색 계열과 각 초록색 계열별 세기를 측정하고, 이로부터 식물플랑크톤의 양을 추정하는 기술이다.

식물플랑크톤의 양을 추정하기 위해 현장에서 수집한 식물플랑크톤의 엽록소 농도와 인공위성에서 관측된 빛 스펙트럼(400-700nm 파장의 가시광선 영역)의 형태를 비교하여 일정한 관계식을 도출하고 이를 수식화한다. 이렇게 만들어진 수식(알고리듬)을 이용하여 인공위성에서 수집된 빛 스펙트럼의 특징으로부터 식물플랑크톤의 엽록소 양을 역으로 추정한다. 알고리듬을 만들기 위해서는 많은 양의 현장관측값이 필요하며, 관측값이 많을수록 해색원격탐사에서 추정한 식물플랑크톤의 엽록소 추정값의 정확도가 높아진다. 이처럼 관측값과 비교하여 개발한 수식을 경험식이라 하고, 경험식과 함께 광학적 특성에 대한 이론을 접목한 준경험식semi-empirical algorithm을 최근 많이 사용하고 있다.

> 식물플랑크톤은 엽록소라는 초록색 색소를 갖고 있다. 해색원격탐사는 인공위성을 이용하여 바닷물의 빛 스펙트럼에서 초록색 계열과 각 계열별 세기를 측정하고, 이로부터 식물플랑크톤의 양을 추정한다.

해색원격탐사는 1978년 11월 님버스 7호 위성에 탑재된 CZCSCoastal Zone Color Scanner에서 처음 시작되었다. 초기에는 해색원격탐사의 가능성에 대한 기대가 낮았고, 현장관측 자료가 적었기 때문에 대부분의 해색 추정 알고리듬이 현장관측값과의 비교를 통해 추정되는 경험식이였다. 현재는 CZCS이후 수많은 해색 관측 위성이 운용되고 이로부터 많은 양의 자료들이 수집되고 있기

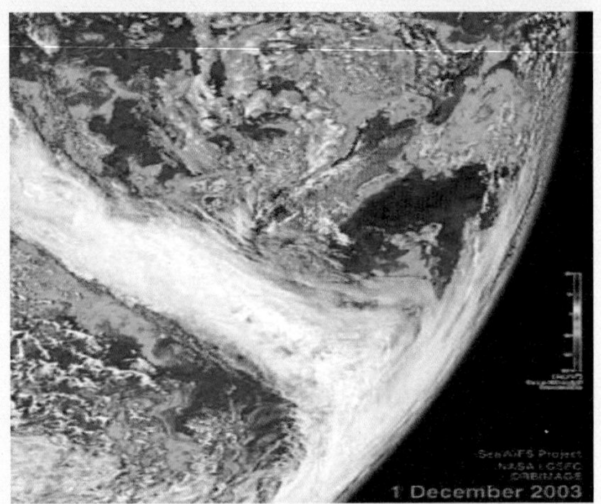

그림 3-3

우주에서 본 지구 표면(위)과 원격탐사기술을 적용하여 본 바다 표면에 분포하고 있는 식물플랑크톤의 양(아래)이다. 해색원격탐사는 태양 빛의 투과와 반사(산란) 특성을 이용하여 물 속 식물플랑크톤의 양을 추정하는 기술이다. 바다는 지구에서 산소의 75%를 생산하고, 이산화탄소의 50%를 제거한다. 즉 식물플랑크톤은 육상의 나무와 같은 역할을 한다고 할 수 있다.

때문에 경험식과 함께 자료 분석을 통한 준경험식들이 많이 사용되고 있다.

3 왜 식물플랑크톤인가?

식물플랑크톤phytoplankton은 그리스어 기원으로 '식물phyto'과 '떠다니다plankton'는 말의 합성어다. 이름에서 알 수 있듯이 '떠다니는 식물'이라는 뜻으로 바다에서 모든 생명체의 먹이 역할을 한다. 식물플랑크톤은 한 위치에 고정되어 있지 않으며 크기도 아주 작기 때문에, 모든 해양 생물의 먹이로서 해양생태계의 에너지를 생산하는 기초 생산자다. 이런 특징으로 식물플랑크톤을 해양 생태계의 일차생산자라고도 한다. 즉 육상의 식물과 같은 역할을 바다에서 식물플랑크톤이 하는 것이다.

식물플랑크톤은 광합성 색소를 가지고 있기 때문에 빛 에너지를 이용하여 이산화탄소를 흡수(고정)해서 유기물을 합성하는 독립영양체다. 빛과 영양염이 있으면 유기물을 합성하여 생장하기 때문에 해양생태계의 먹이그물에서 기초가 되는 생산자 역할을 한다. 그래서 이런 바다에 식물플랑크톤이 없으면 바다 생태계가 현재의 모습, 즉 먹이와 먹이를 먹는 상위 포식 생물로 구성된 생태계를 갖추지 못할 것이다.

식물플랑크톤이 생장하기 위해서는 빛과 함께 영양염이 필요하다. 영양염nutrients은 생물의 생존과 성장을 위해 생물체가 흡수해야 하는 물질로 산소와 이산화탄소를 제외한 모든 물질을 말한다. 영양염을 이용하여 생명 유지를 위한 에너지를 생산하며, 세포의 성장이 일어난다. 일반적으로 빛과 함께 식물플랑크톤의 성장을 결정하기 때문에 영양염은 해양 먹이사슬에서 중요한 요소라고 할 수 있다.

식물플랑크톤은 육상의 식물처럼 이산화탄소를 흡수하고 산소를 배출한다. 이런 호흡 과정은 생태계에 필요한 산소를 생산하는 역할과 이산화탄소를 제거하는 역할을 한다. 인간이 배출한 이산

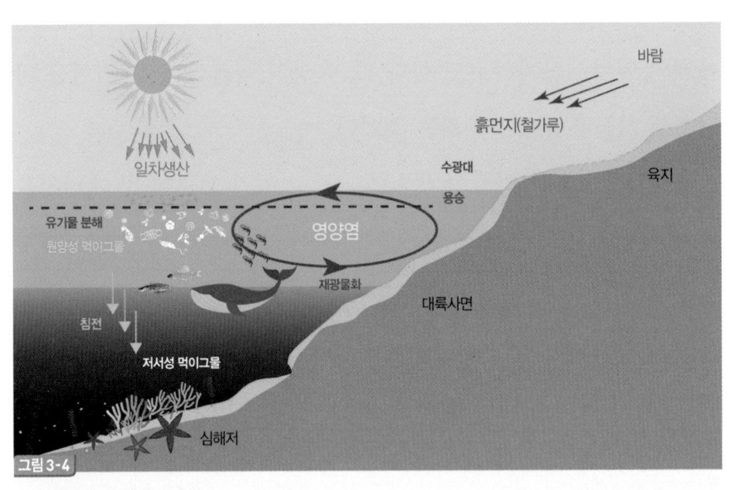

해양에서의 영양염 순환

화탄소의 절반 이상을 바다의 식물플랑크톤이 흡수한다. 산업혁명 이후 지구 온난화에 중요한 원인 지표로 생각되고 있는 이산화탄소의 순환을 이해하기 위해서는 식물플랑크톤의 역할을 이해하는 것이 중요하다.

식물플랑크톤은 이산화탄소를 흡수하고 산소를 배출한다. 이들 바다의 식물플랑크톤이 인간이 배출한 이산화탄소의 절반 이상을 흡수한다. 지구 온난화의 주요 원인으로 지적되는 이산화탄소 순환을 이해하기 위해서는 식물플랑크톤을 면밀하게 관찰할 필요가 있다.

바다는 지구 표면적의 71퍼센트를 차지하고 있는 지구 생명의 시작이다. 이렇게 바다에서 탄소 순환에 중요한 역할을 하는 식물플랑크톤은 지구의 생명 시스템 이해와 함께 온난화를 이해하기 위해 가장 기본적이다. 육지보다 넓은 바다에서 일어나는 식물플랑크톤의 역할을 이해하기 위해 해색원격탐사가 시작되었다. 즉 해색원격탐사는 지구를 하나의 생명 시스템으로 생각하고 온난화 등 여러 물리적인 변동 현상과 연계한 해양생태계와의 상호 관계를 밝히는데 사용되고 있다.

존 윌리엄 스트럿 레일리**John William Strutt Rayleigh, 1842~1919**는 영국의 물리학자로 아르곤을 발견하여 1904년 노벨 물리학상을 수상하였다. 1871년 빛의 산란 이론을 바탕으로 하늘이 푸른 이유를 이론적으로 처음 설명했다. 입자가 빛의 파장보다 아주 작을 때(일반적으로 파장의 1/10 이하일 때) 탄성산란이 일어난다는 '레일리 산란'을 발견함으로써 하늘이 왜 푸른지 설명하였다. 일반적으로 400nm의 파장에서 일어나는 산란은 700nm의 파장에서 일어나는 산란의 9.4배 이상 일어난다. 대기로 들어오는 태양 빛은 대기 속 입자들(질소와 산소)에 의해 레일리 산란이 일어나서 하늘이 푸르게 보이며, 일몰 때는 붉은 석양 현상이 일어난다.

그림 3-5
존 윌리엄 스트럿 레일리

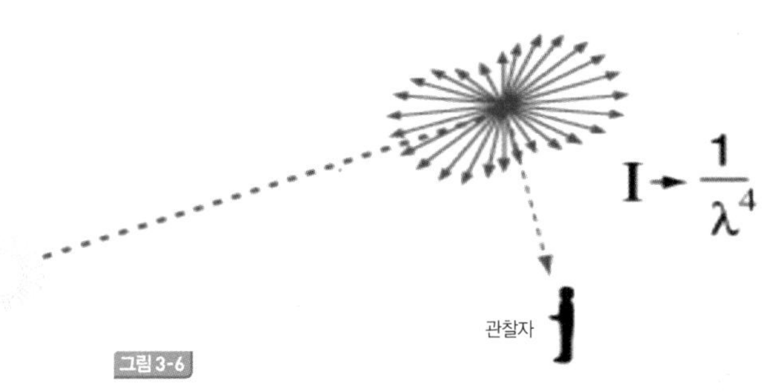

그림 3-6

레일리 산란 (Rayleigh Scattering): 산란을 일으키는 입자의 크기가 빛의 파장 보다 작을때 일어 나는 산란을 말한다.
레일리 산란은 빛의 파장에 4제곱에 반비례하기 때문에, 파장이 길어질수록 산란되는 빛의 양이 급격히 줄어든다. 이때문에 가시광선(무지개색)에서 파장이 가장 긴 붉은색부터 파장이 짧은 푸른색(보라색) 계열로 갈수록 산란이 강해진다. 하늘이 푸르게 보이는 이유도 짧은 파장에서 산란이 강하게 일어나기 때문이다.

개념 증명을 위해 시작된 해색원격탐사의 놀라운 효과

최초의 해색원격탐사는 1978년 10월 24일 미국 항공우주국NASA의 님버스 7호 위성에 탑재된 CZCSCoastal Zone Color Scanner로부터 시작되었다. CZCS는 다채널주사복사계multi-channel scanning radiometer로 지구상의 물을 관측하기 위해 설계된 센서다. CZCS는 계획 당시 인공위성을 이용한 해색원격탐사의 가능성을 증명(개념 증명, a proof-of-concept)하기 위해 단 1년간만 운용을 계획한 센서였지만, 1986년 6월 22일까지 약 8년간 운용을 계속하였다.

님버스 7호 위성에는 CZCS를 포함한 8가지 실험을 위한 센서들LIMS, SAMS, CZCS, SAM II, ERB, SMMR, SBUV/TOMS, THI이 장착되어 있었기 때문에 각각의 센서 시험가동을 위해 CZCS센서만을 이용한 전지구 관측은 수행되지 않았다. 비록 전 지구 관측은 수행되지 않았지만 선별된 시험 조사 해역에서 8년간 연속 자료를 수집하였다. CZCS를 통해 과학자들은 인공위성을 이용한 지구의 바다 관측이 가능하다는 확신을 가지게 되었다. 약 8년간의 CZCS 운용을 통해 해양에서 식물플랑크톤의 양이 해역과 시기에 따라 다르다는 사실을 알게 되었고, 해양에서 식물플랑크톤의 호흡에 의해 고정되는 이산화탄소의 양을 파악할 수 있게 되어, 해양이 이산화탄소 순환에 어떤 기여를 하는지 파악하게 되었다.

CZCS운용을 통해 해색원격탐사의 기능에 대한 확신을 가진 과학자들은 각국의 위성관련기관들과 함께 차세대 위성 개발에 집중하게 된다. 미국 항공우주국에서는 CZCS 후속으로 SeaWiFSSea-viewing Wide Field-of-view Sensor를 계획했지만, 미국 내 여러 상황으로 CZCS 이후 10여 년이 지난 1997년 8월 1일에 OrbView-2 위성(발사 당시 이름은 SeaStar)에 SeaWiFS 센서를 비로소 탑재하게 된다.

1978년 미국 NASA의 인공위성 님버스 7호에 탑재된 CZCS 센서는 해색원격탐사의 가능성을 증명하기 위해 한시적으로 운용할 계획이었다. 하지만 이 센서를 통해 해양에서 식물플랑크톤의 양이 해역과 시기에 따라 다르다는 사실을 알게 되고, 식물플랑크톤에 의해 고정되는 이산화탄소의 양을 파악할 수 있게 되면서 8년간 지속적으로 운용되었다.

그림 3-7 SeaStar(OrbView-2의 초기 이름)

SeaWiFS는 지구과학을 하는 모든 과학자들에게 전 지구 해양 생물-광학 특성에 관한 자료를 제공하는 것이 첫 번째 목표였다.

SeaWiFS는 순전히 해양의 생물-광학 특성을 관측하기 위해 탄생한 진정한 의미의 해색센서였다. 미국 항공우주국에서 CZCS 이후 SeaWiFS까지 10여 년의 공백을 가지는 동안 각국에서도 해색센서를 탑재한 위성을 운용하게 된다. 즉, CZCS가 보여준 가능성에 대한 확신을 각국에서 가지게 되고, 우리가 직면한 지구환경의 변화를 정확하게 이해하기 위해서는 해색센서가 장착된 위성 운용이 필수라는 것을 인식하게 되었다.

그림 3-8

SeaStarOrbview-2는 SeaWiFS 해색센서를 탑재한 위성으로 해양의 생물-광학 특성을 관측하기 위해 위성센서이다. (그림출처: IOCCG에서 발취한 SeaWiFS 를 북반구 봄철 해색평균 자료와 합성하였음- 직접 제작한 그림으로 별도 출처 표시 안해도 되지 않을까요?)

세계 각국에서도 해색원격탐사를 시도하다

미국이 차세대 위성 개발을 늦추는 사이 독일 항공우주국 Deutsches Zentrum für Luft- und Raumfahrt, DLR은 1996년 3월 2일 MOSModular Optoelectronic Scanner라는 센서를 인도 위성인 IRS-P3에 탑재하여 발사한다. MOS는 가시광선과 근적외선 밴드를 관측할 수 있는 센서로 독일 항공우주국이 개발하였으며, CZCS보다 좀은 스펙트럼 밴드 폭을 가지고 있으며, 대기의 빛 산란을 측정할 수 있는 밴드 4개756-768nm와 해양 관측용 밴드 13개408-1010nm로 CZCS에 비해 많은 기술적 진보에 따른 정밀 다양한 관측폭을 가지고 있다. 또한 센서가 관측할 수 있는 공간해상도(센서가 감지한 지면 한 점의 크기)도 CZCS보다 4배가 증가한 500m급으로 한 번 촬영(원격탐사에서는 '스캔'이라 한다)시 지상의 200km 관측폭(원격탐사 용어로 swath width 이라 한다)의 정보를 획득할 수 있다. 이러한 진보된 기술을 이용하여 연안 지역을 3일에 한 번씩 반복 관측이 가능해졌다. MOS를 탑재한 IRS-P3위성은 인도우주연구국ISRO, Indian Space Research Organization에서 수행 중인 지구관측위성 시리즈 중 하나다. 인도의 주도하에 독일과 함께 센서와 기술을 공동 개발한 MOS는 9년 10개월 동안 지구 관측을 수행하고, 2006년 1월 운용을 중지하였다.

독일과 함께 일본도 해색위성 분야에 적극적으로 활동하고 있다. 일본의 항공우주연구국*에서 ADEOSAdvanced Earth Observing Satellite 위성에 OCTSOcean Color and Temperature Scanner를 탑재하여 CZCS의 지구해양관측 임무를 계속하고자 하였다. 하지만

* 일본의 항공우주연구국은 NASDA(National Space Development Agency)였는데, 2003년 10월에 JAXA(Japan Aerospace Exploration Agency)로 명칭을 변경했다.

ADEOS위성은 발사 8개월 후에 갑작스러운 고장을 일으켜 운용이 중단 된다. 짧은 운용 시간이지만, CZCS 이후의 해색원격탐사 분야의 연속성을 위한 공헌을 한 위성으로 남아 있다. ADEOS에 탑재된 OCTS는 기존 해색위성센서와 다르게 바다 표면의 수온을 측정할 수 있는 온도 센서를 가지고 있는 최초의 센서로 시광선과 적외선 외에 열적외선을 포함한 12개의 밴드를 가지고 있다. 이중 가시광선과 근적외선을 측정할 수 있는 센서는 8개로 미국 항공우주국의 OBPGOceanBiology Processing Group에서 생산하고 처리한 현장 관측값을 이용하여 센서의 정밀도 및 센서에서 나온 정보를 검정과 보정하였다. 공간해상도는 MOS보다 조금 낮은 700m를 가지고 있었지만, 한 번에 관측 가능한 지상의 넓이가 1400km로 관측범위가 연안에 집중된 MOS에 비해 지구 전체 해양을 3일만에 관측할 수 능력을 갖추게 되었다. OCTS 센서가 탑재된 일본의 ADEOS는 OCTS이외에 다른 나라의 위성 센서도 동시 탑재한 위성으로 유명하다.

프랑스 우주국CNES, Centre National d'Etudes Spatiales이 개발한 POLDER POLarization and Directionality of the Earth's Reflectance가 바로 승객계측기passenger instrument로 알려진 해색센서다. ADEOS 운용이 시작 되었을 때 전 세계의 많은 해색 위성 관련 전문가들은 동시에 관측하는 서로 다른 두 위성을 이용하여 보다 획기적인 발

전을 기대하였다. 상호 검정을 통해 정보의 정확도를 향상시키고, 이로부터 생산 될 많은 양의 정보 등을 기대하였다. 하지만 ADEOS의 갑작스러운 작동 중지로 인해 많은 전문가들이 가졌던 '기대'는 '차기 계획'으로 미루어졌다. 프랑스의 POLDER 센서도 태양에너지에 의한 해양의 반사에너지와 함께 구름과 에어로졸에 의한 반사 등, 기후변화에 영향을 주는 지구 전체의 방사에너지 총량 변화를 이해하기 위해 설계되었다. POLDER도 해색원격탐사의 역사 속에 남을 기록들을 남겼다. 이후 프랑스는 POLDER 2호와 3호를 계속 운용하여 기후변화를 이해하기 위한 지구 관측을 계속 수행하게 된다.

미국의 본격적인 해색원격탐사 활동

SeaWiFS가 발사된 이후 해색원격탐사는 보다 의미 있는 연구활동에 사용하게 된다. CZCS 때부터 시작한 미국 항공우주국의 위성자료 배포 정책은 이러한 해색원격탐사 분야 발전을 앞당기는데 중요한 역사적 의미를 가지게 된다. 비록 SeaWiFS는 Orbital Science Corporation이라는 미국의 상업위성영상 회사에 의해 개발되고 관리되었지만, 미국 항공우주국에서 모든 비용을 지불하여 전세계 누구나 상업목적이 아니라면 무상으로 사용할 수 있게 하는 자료 배포 정책을 실행한다. 지금까지도 미국 항공우주국에서 미국 NASA에서는 군사적 목적에 민감한 자료를 제외한 거의 대부분의 자료를 무료로 공개한다. 막대한 비용을 지불하여 전세계 과학자들에게 공개하여, 위성을 통한 지구 환경 연구가 급속도로 발전할 수 있는 계기가 되었다.

는 군사적 목적에 민감한 자료를 제외한 대부분의 위성 자료를 미국 항공우주국 홈페이지를 통해 무상 배포하고 있다. 인공위성 원격탐사자료를 많은 사람이 사용하여 보다 많은 연구 결과들을 나오게 하는 것이 미국 항공우주국의 역할이라 생각하고 이를 위해 막대한 비용을 지불하여 미국인을 포함한 전세계 과학자들에게 무상 사용이 가능하게 하였다. 이러한 자료 배포 정책에 따라 전 세계에서 위성 자료를 사용하는 사용자가 빠른 속도로 늘어나게 된다. 최근에는 개인용 컴퓨터의 기능이 과거에 비해 월등히 나아지고, 가격은 오히려 낮아져서 더 많은 연구자들이 위성 자료를 쉽게 사용하게 되었다. 이러한 미국 항공우주국의 정책에 의해 각 연구자들도 미국 항공우주국의 자료를 이용한 연구결과를 발표할 때는 미국 항공우주국의 자료를 사용했다는 내용을 항상 명시하여 미국 항공우주국의 자료 배포 정책이 계속될 수 있게 하고 있다.

유럽우주기구에서도 미국 항공우주국의 자료 배포 정책의 효과적인 면을 인식하고, 위성 자료 활용을 위한 연구계획서를 제출하는 사람들에게 자료를 무상 배포하고 있으며, 일차 가공된 자료는 인터넷을 통해 누구나 사용할 수 있도록 하고 있다. 이러한 자료

그림 3-9

SeaWiFS 자료를 이용하여 만든 북반구의 봄, 여름, 가을, 겨울 지구 표면의 생물권 모습. 해양에서는 푸른색->초록색->붉은색 순으로 생물량이 많다는 것을 나타낸다. 육지에서 황토색은 사막, 초록색은 녹지를 의미한다.

배포 방침은 이제 전 세계 대부분의 위성 보유국에서 시행하고 있으며, 우리나라도 위성 자체의 에너지를 사용해서 영상 획득 지역을 선정해야 하는 경우를 제외하고는 연속적으로 획득된 자료에 대해서 자료 활용에 대한 계획서를 제출한 연구자들에게 무상 배포를 하고 있다. SeaWiFS가 해색원격탐사를 보편적인 학문 분야로 발전 시킨 이후 각국에서는 계속된 위성 개발 및 운용을 하게 된다.

미국 항공우주국은 과거 CZCS이후 SeaWiFS까지의 10여 년의 공백에서 오는 문제점을 파악하고, 기존 위성의 수명이 다하기 전에 차세대 위성을 개발 운용하는 방침을 지켜오고 있다. 그 예가 SeaWiFS 다음 세대인 MODIS**Moderate Resolution Imaging Spectroradiometer**다. MODIS는 36개의 관측 파장을 가지고 있으며, 각 파장은 관측 가능한 공간해상도에 따라 250m, 500m, 그리고 1km 파장대로 나누어 진다. 대기 관측 및 대기에 의한 위성관측 신호의 보정을 위한 파장대를 제외하고는 SeaWiFS와 같은 1km 해상도로 지구표면을 관측한다. 관측 파장도 SeaWiFS와 유사한 구성을 하고 있으나, 좀 더 좁아진 관측 밴드(파장의 묶음)와 늘어난 파장의 범위가 새로운 센서가 가지는 특징이다.

MODIS의 가장 특별한 기능은 지구 관측 횟수를 늘리기 위해 하루에 같은 관측 영역을 2번, 즉 오전 오후에 1회씩 촬영할 수 있는 계획을 포함했다는 것이다. 즉 MODIS는 서로 다른 두 개의 위성에 각각 1개씩 탑재되어 오전에 북에서 남쪽 방향으로 적도를 10시 30분경 지나가는 위성인 테라Terra 위성(계획 당시 이름은 EOS AM-1)과 오후에 남에서 북쪽으로 적도를 1시 30분경에 지나가는 아쿠아Aqua 위성(계획 당시 이름은 EOS PM-1)에 의해 운용되는 계획이었다. SeaWiFS가 한창 가동 중인 1999년 12월 18일 MODIS를 탑재한 테라 위성이 발사된다. 여기서 EOS는 미국 항공우주국의 지구관측시스템Earth Observing System을 말하며, 테라 위성은 EOS의 기함으로 미국 항공우주국의 지구관측 시스템에서 중요한 역할을 수행한다. 테라 위성에는 EOS의 본격적인 가동을 위해 MODIS와 함께 다른 관측 목적으로 설계된 4개의 추가 위성원격탐사 센서가 같이 탑재된다. 하나의 위성에 5개의 서로 다른 센서가 탑재되어 있기 때문에 과학자들은 하나의 위성으로 지구의 특징적인 면을 동시에 5가지의 서로 다른 자료로 파악할 수 있게 되었다. 4개의 추가 위성센서는 ASTER, CERES, MISR, MOPITT이다. 2016년 현재까지 테라 위성은 지구관측 미션을 수행하고 있다.

한국도 해색원격탐사에 뛰어 들다

CZCS가 기후변화 연구를 위한 지구관측위성으로서의 성공적인 역할을 수행함에 따라 각국에서 지구관측위성 운용의 중요성을 파악하고, 많은 나라에서 위성을 운용하기 시작한다. 이 시기에 한국도 해색위성센서를 탑재한 위성을 발사하게 된다. 1999년 12월 20일 한국항공우주연구원에서 개발한 KOMPSAT-1(Korea Multi-Purpo-se SATellite-1, 정식 명칭은 다목적실용 위성으로, 아리랑위성으로 불림)에 해색원격탐사 센서인 OSMIOcean Scanning Multi-spectral Imager를 탑재하여 지구 해양 관측에 한국이 공식적으로 뛰어 들게 된다.

OSMI는 해색원격탐사의 표준으로, 역할을 시작한 SeaWiFS에서 생산된 자료와 상호 공유를 위해 SeaWiFS 와 같은 밴드 폭을 가진 6개의 밴드(412nm, 443nm, 490nm, 555nm, 765nm, 865nm, SeaWiFS는 8개 밴드로 510nm와 670nm 가 더 있다)를 갖도록 설계되었다. 공간해상도는 SeaWiFS 보다 조금 좋은 0.85km(위성에서 수직 방향nadir direction일 경우)를 가지고 있기 때문에 한 번에 촬영 가능한 공간 넓이는 800km였다SeaWiFS의 공간 넓이는 2800km. OSMI의 운용 방식은 오전 10시 50분에 남에서 북쪽 방향으로 적도를 지나가는 방식으로 SeaWiFS가 정오에 북에서 남쪽 방향으로 적도를 지나가는 것과 시간 차이가 있다. 그리고 위성의 운용 고도도 OSMI의 경우 685km에서 태양동기극궤도를 따라 운용되지만, SeaWiFS는 고도 705km에서 태양동기극궤도를 따라 운용되었다. 태양동기극궤도란, 지구 자전과 공전 효과를 극대화하여 동일시간

엽록소a의 전 세계 분포

그림 3-10

한국 최초의 해색 센서인 OSMI를 이용하여 합성한 전지구 대양의 엽록소 농도(식물플랑크톤의 양). OSMI는 아리랑 1호(KOMPSAT-1, 1999년 12월 20일 발사)에 탑재되어 해양 생물학 연구를 위해 전 세계 해양의 해색 자료(엽록소 농도)를 수집하는 역할을 가지고 있었다. NASA의 SeaWiFS와 똑같은 8개의 분광대(412, 443, 490, 510, 670, 765, 865nm)를 가지고 있지만, CCDCharge Coupled Device를 사용하는 다중 분광 촬영시스템을 사용하였다.

에 위성이 동일 위치에 있게 하는 궤도인데, 태양의 회전 궤도의 주기와 동일한 주기를 가지고 궤도 평면을 움직이며, 남북 또는 북남 방향의 궤도다(그림 2-4 태양동기궤도 참조).

OSMI는 SeaWiFS보다 약 2년 늦게 개발되었기 때문에 몇 가지 새로운 기술을 적용하게 되는데, 분광신호를 계측하는 방식을 다르게 한다. SeaWiFS 가 400-900 nm범위의 분광을 하나의 센서로 수집하는 반면, OSMI는 CCDcharge coupled device 를 적용하여 96개의 감지기가 위성 진행 방향의 수직방향으로 정렬되어 구획(지상의 목표지점)별로 동시 관측하는 방식이다. 이는 마치 빗자루로 바닥을 좌우 움직이면서 쓸고 나가는 것과 같은 방법whisk-broom 으로 위성의 센서를 왼쪽에서 오른쪽으로 이동하면서 지상의 신호를 감지하게 했다. 자료 획득에 시간을 줄이기 위한 최신 방법이었으나, 96개씩 뭉쳐져 있는 CCD간 신호의 연속성에 문제가 생기게 된다. 즉 OSMI로 관측한 영상에 가로줄 무늬가 생기게 되어 균질한 신호 범위를 가져야 할 지상의 신호가 매 96개 마다 다르게 나타나게 되었다. OSMI의 국제적인 활용에 기대가 많았던 과학자들은 다양한 방법을 통해 OSMI자료에서 나타나는 줄무늬를 없애고자 노력하였으나, CCD 기기에서 오는 결함으로 OSMI는 해색센서로서는 제 역할을 수행하지 못했다. 하지만 이런 한국의 노력으로 세계 최초의 정지궤도 해색센서인 GOCIGeostationary Ocean Color Imager를

2010년 6월 26일 COMS 위성(통신해양기상위성: 별명 "천리안위성")에 탑재하여 발사하게 된다.

한국 최초의 다목적 실용위성이었던 KOMPSAT-1(아리랑1호)에는 OSMI 이외에 공간해상도 6.6m급의 흑백영상을 획득할 수 있는 카메라EOC, Electro Optical Camera와 대기 이온층에 있는 플라스마 분포 연구 등을 위한 SPSSpace Physics Sensor가 함께 탑재되어 있어 2008년 운용이 중단될 때까지 지구관측 임무를 수행하였다.

한국의 OSMI가 발사되기 7개월 전인 1999년 5월 26일 인도우주연구국에서 OceansatIRS-P4를 발사하는데 이 위성에 인도 최초의 해양관측을 위한 해색센서인 OCMOcean Color Monitor과 MSMRMulti-frequency Scanning Microwave Radiometer을 탑재한다. OCM은 IRS-P4가 임무를 완료한 2010년 8월 8일까지 11년 2개월 동안 해양 관측을 위해 사용되었다. 중국과 대만 등의 세계 각국에서도 자국의 위성을 운용하여 해양환경 관측의 범위를 넓히고 있다.

쌍둥이가 하늘에서 보다

쌍둥이 센서를 가동하여 하루 두 차례 해양을 관측할 예정이었던 MODIS 계획은 2002년 5월 4일 아쿠아Aqua 위성을 발사함으로써 완성되게 된다.* MODIS를 처음 탑재한 테라 위성은 지구관측에서 인간이 살고 있는 육지라는 의미를 우선 부여한 이름으로 결정이 되었고, 아쿠아 위성은 aqua라는 바다, 물이라는 의미를 갖고 있다. 테라와 아쿠아 두 위성이 지구관측시스템EOS의 핵심적인 역할을 수행하면서, 육지와 해양, 대기를 동시에 관측하여 더욱 정밀한 기후변화 연구를 할 수 있게 되었다.

아쿠아 위성에는 MODIS를 포함한 6개의 센서를 탑재했다. 6개의 관측 센서 중 현재 AIRS, AMSU, CERES가 MODIS와 함께 총 4개의 센서가 가동 중이다. 초기에 같이 장착된 AMSR-E는 최근 성능이 저하되어 사용이 중지되었고, HBS는 초기 약 9개월간 작동을 하다가 2003년 2월에 작동이 중지 되었다.

미국 항공우주국의 주도하에 해색원격탐사분야가 확장되고 있을 때, 유럽연합에서도 유럽우주기구를 중심으로 활발한 해색원격탐사 위성 분야를 개척한다. 대표적인 예가 MERISMedium Resolution Imaging Spectrometer로 2002년 1월 3일 Envisat-1에 탑재되어 발사된다. MERIS는 해양 관측이 주 목적이지만, 육지와 대기도 같이 관측하여 해양에서 일어나는 여러 현상을 설명하는 데 필요한 자료를 동시 생산하였다.

MERIS는 SeaWiFS나 MODIS보다 고해상도의 스펙트럼 밴드를

* http://modis.gsfc.nasa.gov

그림 3-11

MODIS로 관측한 지구 표면 (2005년 7월 11일)

이용해서 300m와 1200m, 두 가지의 공간해상도를 선택적으로 사용할 수 있었다. MERIS는 유럽연합에 속한 과학자들을 중심으로 2012년 4월 임무가 종료될 때까지 사용되어, 미국 항공우주국 중심의 해색위성분야와 구분되는 사용자 그룹을 형성하였다.

미국 항공우주국은 해색위성에서 생산되는 자료의 질을 높이기 위해 꾸준히 전 세계 과학자들과 현장 관측 자료를 공유하고 있다. 자연과학을 위한 인공위성은 일반적으로 자료의 정밀도가 확정이 되지 않는다. 자연 현상은 정형화하기 어렵고, 위성에 탑재된 센서도 시간이 지남에 따라 노후화되기 때문에 꾸준한 검정과 보정 작업을 해야만 위성자료에 대한 신뢰도를 높일 수 있다. 또한 위성은 한번 올라가면 수정이나 수리가 불가하기 때문에 개발 당시 선택된 센서의 특성만을 이용하여 예정된 자료를 생산해야 한다. 하지만 과학기술의 발전에 따라 위성에 탑재된 센서만으로는 해결이 어려운 부분들이 발생하기도 한다. 때때로 과학자들은 기존의 센서들을 최대한 활용하여 다양한 관측결과를 생산해내기도 한다. 이런 과정에서 정형화되지 않은 사고를 통해 유연한 과학적 산물들을 생산하여 지구환경을 이해하고자 하고 있다.

미국의 지속적인 해색원격탐사 활동

마지막으로 미국 항공우주국에서 2011년 10월 28일 발사한

VIIRS에 대한 이야기로 해색원격탐사의 역사를 마무리한다. 미국 항공우주국은 지구관측시스템EOS 계획 하에 2023년까지 발사계획을 수립하고 있다. 지구관측시스템EOS는 다양한 분야의 위성관측을 통해 지구환경을 총체적으로 이해하는 것을 목표로 하고 있다. 이중에 해색원격탐사 분야에서는 VIIRSVisible Infrared Imager Radiometer Suite라는 현재 구동 중인 센서 중 가장 최근에 운용을 시작한 해색센서를 운용한다. VIIRS는 Suomi National Polar-orbiting PartnershipSuomi NPP기상위성에 탑재 되어 있다. '비어스'라고 읽는다. VIIRS는 MODIS와 AVHRRAdvanced Very High Resolution Radiometer의 경험을 바탕으로 하나의 위성으로 최대한 많은 인자들을 관측하고자 시도한 위성 센서그룹이다.

VIIRS는 MODIS와 같이 가시광선과 적외선 영상을 관측할 수 있기 때문에 해양과 함께 육지, 대기권, 빙권 등 다양한 환경계를 관측할 수 있다. 해양에서는 해색과 해수 온도를 측정할 수 있고, 육지의 표면 온도와 식생, 그리고 산불과 같은 재해를 관측할 수 있다. 대기에서는 구름과 에어로졸의 특성을 관측할 수 있고, 얼음의 움직이나 얼음 표면의 온도를 측정할 수 있다.* VIIRS는 고도 824km를 유지하며 극궤도를 따라 움직인다. VIIRS가 MODIS를

* https://cs.star.nesdis.noaa.gov/NCC/VIIRS

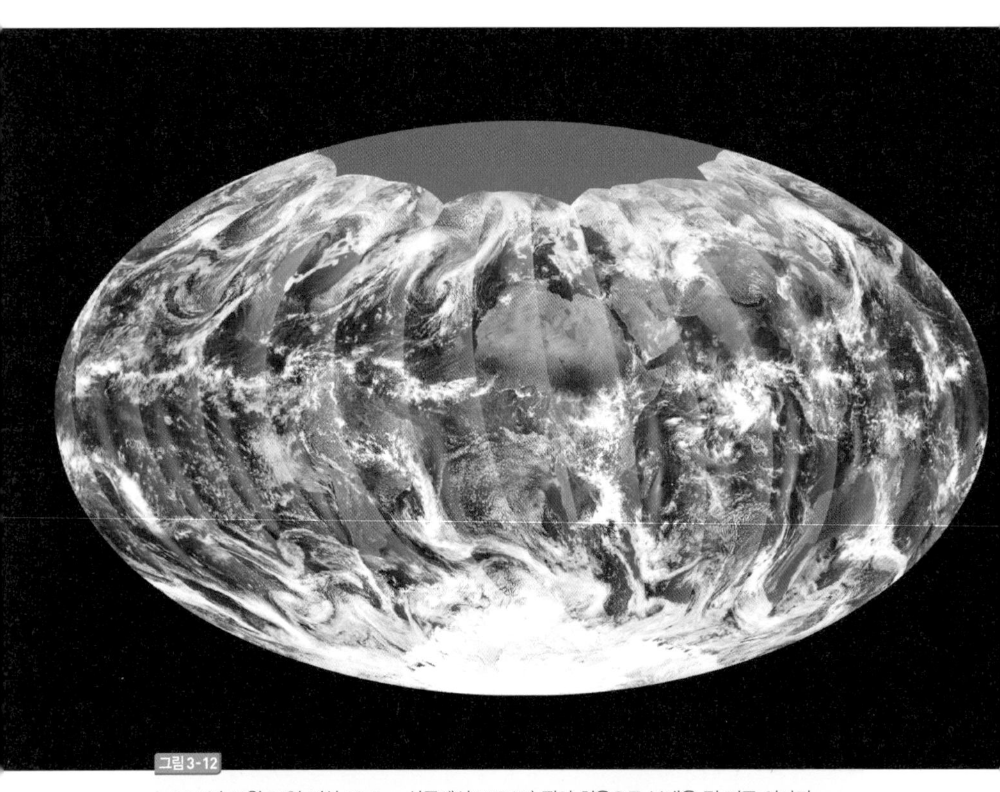

그림 3-12

2011년 11월 24일 지상 824km 상공에서 VIIRS가 찍어 처음으로 보내온 전 지구 이미지

개선한 형태의 센서이지만, 밴드 수는 MODIS가 가진 36개 보다 적은 22개의 밴드를 412-12013nm 범위에서 선택적으로 가지고 있다. 하지만 공간해상도는 MODIS의 가시광선 부분이 1000m인 것에 비해 16개의 밴드가 750m로 줄었고, 5개가 375m를 가지고 있다. MODIS와는 다르게 750m 해상도로 낮과 밤에 촬영 가능한

그림 3-13

Suomi NPP 위성을 이용하여 2012년 9월 24일 획득한 한반도 주변의 야간 불빛 영상이다. 한반도 남한을 포함한 중국, 일본의 대도시 야간 불빛과 바다에서 어업 활동 중인 배들의 불빛을 확인할 수 있다. VIIRS 는 초록색부터 근적외선까지의 밴드를 이용하여 도시의 불빛, 산불, 달빛, 오로라 등 지구 주변에서 일어나는 빛의 변화를 감지 할 수 있다.

전정색**pan-chromatic DNB** 밴드도 포함되어 있다.

VIIRS가 탑재된 Suomi NPP위성은 1997년부터 2011년까지 운영했던 EOS위성들과 세대교체를 한 새로운 형태의 위성이다.

Suomi NPP는 하루에 남북 방향으로 지구를 14번 회전하며, VIIRS 이외에 4개의 추가 지구관측 센서를 탑재하고 있다. ATMSAdvanced Technology Microwave Sounder(지구 전체의 온도와 습도 측정), CrISCross-track infrared Sounder(지구 전체의 습도 및 기압 변화 측정), OMPSOzone Mapping and Profiler Suite(오존층 관측), CERESClouds and the Earth's Radiant Energy System(태양복사에너지 및 지구의 열복사에너지 방출량 측정)을 탑재하고 있다. 이들 센서를 이용하여 육지와 해

그림 3-14

북극을 포함한 지구 북반구의 모습. 2012년 5월26일 Suomi NPP위성이 지구를 남극과 북극 주변을 15바퀴 지나면서 획득한 영상을 합성하여 만든 영상이다. Suomi NPP위성은 고도 824km 상공을 남북방향으로 극과 극 주변을 지나가는 위성이다. 가시광선과 적외선을 포함한 22개의 밴드를 이용하여 지구 표면의 육지, 해양, 얼음 및 대기를 관측하고 있다.

양은 물론 대기와 빙권 등 모든 환경에서 일어나고 있는 현상들을 동시 관측할 수 있다.

그림 3-15

2012년 10월 8일 북반구 캐나다의 퀘벡과 온타리오의 상공에 형성된 오로라의 모습(동서 방향으로 연속 파형을 그리고 있는 회색빛 연결 띠무늬). Suomi NPP의 주야관측 밴드(day-night band)를 이용하여 야간에 생성된 오로라를 관측 하였기 때문에 색을 나타내지 않고 빛의 강도를 회색빛의 진하기로 표현하고 있다. 오로라는 태양풍에 의해 방출된 대전 입자가 지구의 100km에서 400km 상공까지 지구 자기장에 의해 북반구와 남반구의 고위도에서 끌려 내려올 때 지구 대기권 상층부의 기체와 마찰하여 빛을 내는 현상이다.

위성의 이름에 붙은 'Suomi'는 기상학자인 베르너 에드워드 수오미의 이름에서 따온 것이다. 위성이 발사된 3개월 후 이름이 NPP 에서 Suomi NPP로 변경되었다.

기상위성학의 아버지, 베르너 에드워드 수오미

베르너 에드워드 수오미Verner Edward Suomi, 1915~1995는 핀란드계 미국인으로 1915년에 출생하여 1995년 까지 79세의 일기를 끝낼 때까지 위성을 이용한 여러 기상연구분야에 종사하였다. '위성을 이용한 기상학의 아버지'로 불릴 만큼 기상관측을 위한 위성 활용 부분에 획기적인 발명과 연구를 수행하였다. 미국 항공우주국은 다목적 지구관측 위성인 새로운 세대의 NPP위성을 2011년 올리고 나서, 수오미의 업적을 기리기 위해 위성 발사 3개월 후 이름을 Suomi NPP로 변경한다. 1966년 미국의 우주과학공학센터SSEC, Space Science and Engineering Center로부터 연구비를 지원받아 ATS-1라는 정지궤도를 이용한 최초의 기상위성을 운용하게 한다. 그리고 1967년 ATS-3를 발사하고, 이 기상위성으로 인류 최초로 전 지구의 모습을 담은 컬러 영상을 만들었다.

그림 3-16
베르너 에드워드 수오미

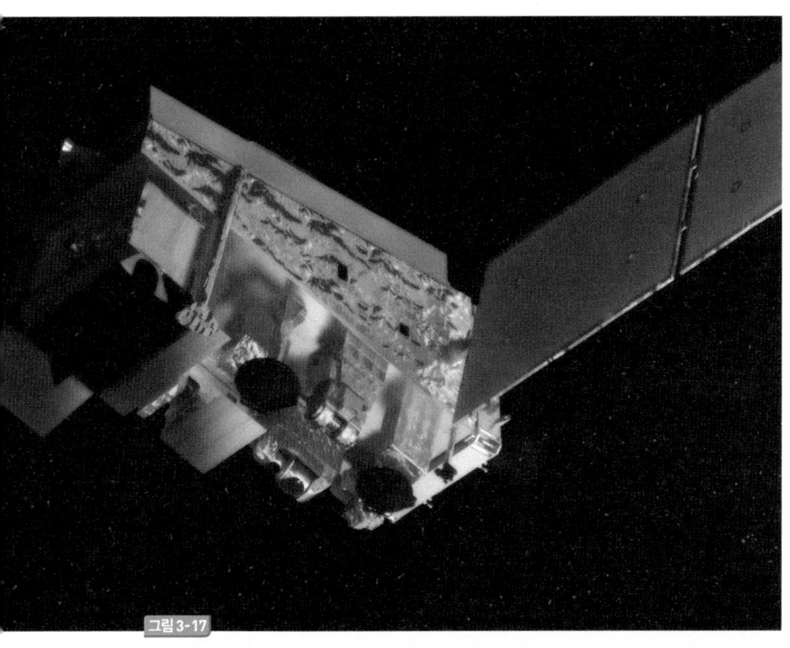

그림 3-17

VIIRS 가 탑재된 Suomi NPP위성. Suomi NPP위성은 미국 해양대기국NOAA에 의해 운용되고 있는 위성으로 2011년 10월 28일 발사되었다 .지구관측 목적을 가지고 운용되고 있는 기상위성으로 NASA의 지구관측 시스템의 역할을 연장해서 수행하고 있다. MODIS와 AVHRR의 경험에서 얻은 다양한 요구를 만족시키는 22개의 밴드를 장착한 VIIRS를 탑재하여 지구의 기후변동에 관련한 요인을 관측하고 있다. Suomi NPP는 위성기상학의 창시자인 베르너 에드워드 수오미의 업적을 기리기 위해 NPP에 붙여 만든 이름이다.

5 지구환경 모니터링 해색 원격탐사

원격탐사에는 다양한 분야가 있지만, 해색원격탐사의 역사에 중점을 둔 이유는 해색원격탐사가 유일하게 살아서 움직이는 미세한 식물플랑크톤을 다루는 분야로 기후변화에 대한 생물권의 반응을 보는 분야이기 때문이다. 원격탐사의 태동은 먼 곳의 정보를 보다 수월하게 확보하는 데 있었지만, 최근 대부분의 우주개발 선진국에서는 EOS라는 지구관측시스템을 구축하여 지구환경변화를 이해하는데 집중하고 있는 이유는 바로 우리가 살고 있는 지구의 환경을 보다 잘 이해하는 것이 가장 중요하다고 생각하고 있기 때문이다. 비록 원격탐사가 사용하는 에너지에 따라 광학과 마이크로파 원격탐사로 나눌 수 있고, 목적에 따라 해양, 대기, 식생, 지질 등으로 나눌 수 있지만, 결국 지구환경변화를 이해하기 위해 다양한 분야의 정보가 종합적으로 획득되어야 한다는 것을 인식하고, 다양한 종류의 원격탐사 기술을 상호 활용하는 방향으로 원격탐사가 발전하고 있다.

해색원격탐사는 광학센서를 이용하여 해양에서 엽록소 농도를 추정함으로써 지구환경의 변화를 관측하는 기술이다. 1978년 개념 정립 단계로 시작한 CZCS 이후, 그 기능이 단순히 지구의 환경변화 이해에 대한 기대를 뛰어 넘어 과학과 사회 전반에 걸쳐 놀라운 결과들을 제공하게 되었다는 것을 인식하여 사회적인 가치가 계속 증대 되고 있다. 2003년에 있었던 각국의 장관급 회의인 GEOGroup on Earth Observation에서도 알 수 있듯이 각국에서 지구 관측에 대한 관심을 국가적으로 표방하였고, 생태계를 기반으로 한 해양의 관리가 필요함을 강조하고 있다. 이처럼 해색원격탐사는 공공의 목적에 대해 많은 가치를 가지고 있다. 최근 하나가 되고 있는 지구의 사회적 경제적 시스템에서 공동의 문제점을 해결하는 중요한 역할을 해색원격탐사가 하고 있다.

지구 표면의 70퍼센트 이상을 차지하고 있는 해양은 충분히 지구환경이라는 개념에서 우선 고려되어야 하는 부분이고, 인류 발전에 따른 여러 산업의 결과 해양에서 많은 인간활동에 의한 현상들이 생기고 있으며, 이러한 현상은 지구의 기후변화 부분과 밀접한 관계를 가지고 있다. 오늘날 지구 환경이라는 측면에서 가장 중요시 되는 문제는 기후변화이다. 사실 기후변화에서 기후라는 용어가 가지는 개념은 어떤 장소에서 매년 되풀이 되고 있는 현상이거나, 긴 시간을 통해 그렇다고 인정이 되고 있는 모든 자연현상을 말한다. 그래서 기후변화라고 인지하기까지는 긴 시간의 변화 동안 기록한 결과들을 바탕으로 변화가 있을 경우 기후변화라는 말을 사용한다. 그렇게 때문에 요즘 흔히 사용되고 있는 기후변화라는 용어는 이상 기후라고 불리는 것이 타당할 것이다. 기후변화라는 말은 과학자들이 수많은 시간 동안 축적한 자료를 바탕으로 과학자들의 신중한 판단을 통해 결정되는 것이라고 말할 수 있다. 최근 일어나고 이상기후는 수많은 과학자들이 과거 자료 복원 또는 관련 관측 과학기술의 발명 이후 축적되어 온 여러 기록들을 바탕으로 변화라 할 정도의 결과들이 나오고 있기 때문에 일반적인 의미로 사용된다. 이처럼 "기후변화"라는 용어는 최근 가장 널리 사용되고 있는 과학 용어이며, 각국에서도 기후변화에 대한 인식이 높아지고 있다는 의미일 것이다.

해양에서 기후변화와 관련한 관심으로 가장 먼저 꼽을 수 있는 것이 이산화탄소 방출량 증가에 따른 해양산성화다. 해색원격탐사는 해양에서의 이산화탄소 순환에 대한 여러 관측 결과들을 수집하고 이로부터 해양 산성화에 의한 해양생태계 변화를 모니터링하는 역할을 수행한다. 기후변화와 함께 전 지구에서 비대칭적으로 각국에서 일어나고 있는 인구 증가가 환경 변화라는 측면에서 중요한 의미가 있다. 즉, 연안 지역에 일반적으로 많은 도시들이 발전을 하고 있기 때문에 해양과 접해 있는 인구 밀집 지역에서 일어나는 인류의 여러 행동은 해양에 영향을 주게 된다. 인류의 활동에 의한 연안 지역의 개발과 이에 따른 오염, 온난화 등 이상기후에 의한 연안의 침식과 강의 범람 등이 일어난다. 연안은 인류에게 여러 먹거리를 제공하는 장소로 생물자원의 보고이지만, 최근 인류의 과도한 자원 남획 등으로 연안 해양 생태계의 불균형이 발생하기도 한다. 지구가 하나의 시스템이라는 개념에서 해색원격탐사는 각국의 연안의 건강 상태를 평가할 수 있으며, 각국 연안의 변화가 전 세계 해양 환경에 미치는 영향을 평가할 수 있다. 또한 인간의 활동에 의해 여러 해양자원이 멸종하거나, 다양성 유지에 영향을 받고 있기도 하는데 이러한 환경 변화를 지속적으로 감시모니터링 하는 역할을 한다.

해색원격탐사가 가지는 해양자원과 환경 모니터링이라는 기능은 사회적인 차원에서 경제성이 있는 생태계 지시자(환경 요인이나, 어족 등)들에 대한 정보를 제공 할 수 있기 때문에 인간의 무분별한 활동에 대한 자연 보호 및 적절한 자원활용에 대한 정보를 제공함으로써 과학적인 의미 이외에 사회적 기여도 하고 있다. 간단한 예로 연안에서 발생하는 적조 등은 연안 수산 산업에 큰 피해를 준다. 이러한 비정상적인 자연의 변화를 해색위성에서는 관측 모니터링하여 환경변화에 대한 대응이 가능하게 하며, 해양환경에 중요한 역할을 하는 것으로 인식되는 연안 환경을 지정 관리할 수 있는 기능도 수행한다. 이러한 사회적 공헌을 통해 진정한 과학 목적인 인류의 행복에 기여하는 역할을 수행하기에 각국에서는 계속적인 해색원격탐사 기술의 개발 및 운용을 계획하고 실천하고 있다. 여러 해색원격탐사 센서는 첨부한 표에 나와 있다.

센서/데이터 소스	운용기관	인공위성	운용 기간	관측폭 (km)	공간해상도(m)	밴드 수	스펙트럼 파장범위 (nm)	궤도
CZCS	NASA (미국)	Nimbus-7 (미국)	24/10/78 ~22/6/86	1556	825	6	433 -12500	극궤도
CMODIS	NASA (중국)	SZ-3 (중국)	25/3/02 ~15/9/02	650 -700	400	34	403 12,500	극궤도
COCTS CZI	SOA (중국)	HY-1A (중국)	15/5/02 ~1/4/04	1400 500	1100 250	10 4	402 -12,500 420 -890	극궤도
GLI	NASDA (일본)	ADEOS-II (일본)	14/12/02 ~24/10/03	1600	250 /1000	36	375 -12,500	극궤도
HICO	ONR, DOD and NASA	JEM-EF 국제우주 정거장	18/09/09 ~4/12/14	50km 특정 해안 지역	100	124	380 -1000	151.6°, 15.8 orbits p/d
MERIS	ESA (유럽)	ENVISAT (유럽)	1/3/02 ~9/5/12	1150	300 /1200	15	412 -1050	극궤도
MOS	DLR (독일)	IRS P3 (인도)	21/3/96 ~31/5/04	200	500	18	408 -1600	극궤도
OCI	NEC (일본)	ROCSAT-1 (타이완)	27/01/99 ~16/6/04	690	825	6	433 -12,500	극궤도
OCM	ISRO (인도)	IRS-P4 (인도)	26/5/99 ~8/8/10	1420	360 /4000	8	402 -885	극궤도
OCTS	NASDA (인도)	IRS-P4 (인도)	26/5/99 ~8/8/10	1420	360 /4000	8	402 -885	극궤도
OSMI	KARI (한국)	KOMPSAT-1 /Arirang -1(한국)	20/12/99 ~31/1/08	800	850	6	400 -900	극궤도
POLDER	CNES (프랑스)	ADEOS (일본)	17/8/96 ~29/6/97	2400	6km	9	443 -910	극궤도
POLDER-2	CNES (프랑스)	ADEOS-II (일본)	14/12/02 ~24/10/03	2400	6000	9	443 -910	극궤도
POLDER-3	CNES (프랑스)	Parasol	Dec 2004 ~Dec 2013	2100	6000	9	443 -1020	극궤도
SeaWiFS	NASA (미국)	OrbView-2 (미국)	01/08/97 ~14/02/11	2806	1100	8	402 -885	극궤도

표 1-1 CZCS 이후 운용된 해색위성센서 중 현재(2016년 기준) 작동이 중지된 센서들

센서/데이터 링크	운용기관	인공위성	발사일	관측폭 (km)	공간해상도(m)	밴드 수	스펙트럼 파장범위 (nm)	스펙트럼 반응함수	궤도
COCTS	SOA (중국)	HY-1B	11/14/07	3000	1100	10	402 -885		극궤도
CZI				500	250	4	433 -695		
GOCI	KARI /KIOST (한국)	COMS	26/06/10	2500	500	8	400 -865		Geostationary
MODIS-Aqua	NASA (미국)	Aqua (EOS-PM1)	4/05/02	2330	250 /500 /1000	36	405 -14,385	SRF -link	극궤도
MODIS-Terra	NASA (미국)	Terra (EOS-AM1)	18/12/99	2330	250 /500 /1000	36	405 -14,385	SRF -link	극궤도
OCM-2	ISRO (인도)	Oceansat-2 (인도)	23/09/09	1420	360 /4000	8	400 -900		극궤도
OLCI	ESA/ EUMETSAT	Sentinel 3A	16/02/09	1270	300 /1200	21	400 -1020	SRF -link	극궤도
VIIRS	NOAA (미국)	Suomi NPP	28/10/11	3000	375 /750	22	402 -11,800	극궤도	극궤도

표 1-2 현재(2016년 기준) 운용 중인 해색센서

테라 위성

1999년 12월에 발사된 테라Terra위성은 지구를 관측한다는 의미에서 이름을 테라(라틴어로 terra는 지구를 뜻한다)로 정한 것이다. 계획 당시 이름은 EOS AM-1과 EOS PM-1로 쌍둥이 위성을 운용한다는 의미를 강조하는 이름이었다. 테라 위성은 지구 관측을 위해 서로 다른 5가지의 위성 센서를 동시 탑재하여 2016년 현재까지 그 역할을 수행하고 있다. 테라 위성에 실린 해색센서인 MODIS와 함께 지구 환경 관측을 위해 탑재된 ASTER, CERES, MISR, MOPITT가 탑재되었다.

그림 3-18

TERRA위성

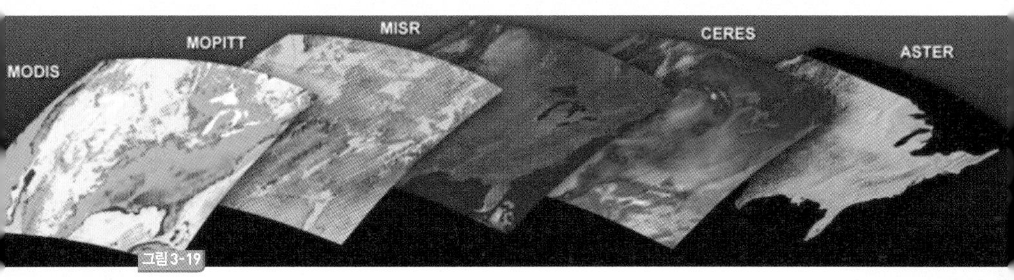

그림 3-19

테라 위성에 탑재된 5개의 센서와 획득 자료

ASTERAdvanced Space-borne Thermal Emission and Reflection Radiometer는 고해상도 가시광선과 열적외선을 포함한 14개의 전자기 파장의 스펙트럼 관측이 가능하며, 관측 가능한 공간해상도가 15-90m다. 고해상도 영상을 이용하여 지구표면의 정밀 온도 관측 지도를 작성하고, 정밀 고도 정보 지도 작성 및 정밀 반사도를 이용한 고해상도 지상 관측에 이용되고 있다. 하지만 고해상도의 원격탐사 자료는 위성이 지나가면서 관측할 수 있는 공간 범위가 해상도에 반비례해서 좁아지는 특성(기술과 비용에 따른 제약) 때문에 MODIS처럼 지구 표면의 모든 곳을 연속 관측하지는 않고, 특수 목적에 의해 설정된 관측범위에서만 선별적 관측을 수행한다. ASTER은 일본에서 만들어졌지만, 센서 설계와 센서 보정 및 자료 보정은 미국과 일본의 연구팀이 공동으로 추진하였다. MODIS 에 실린 센서 5개 중 가장 정밀한 영상을 획득할 수 있기 때문에 다른 4개의 센서에서 획득된 자료를 정밀 해석하는 역할도 같이 수행하였다.*

CERESClouds and the Earth's Radiant Energy System는 대기 상층에서의 지구 총 복사에너지를 측정하기 위해 설계된 센서다. CERES는 지구의 총 복사 에너지의 변동에 기여하는 구름의 역할을 이해하

* http://asterweb.jpl.nasa.gov/gallery.asp?catid=60

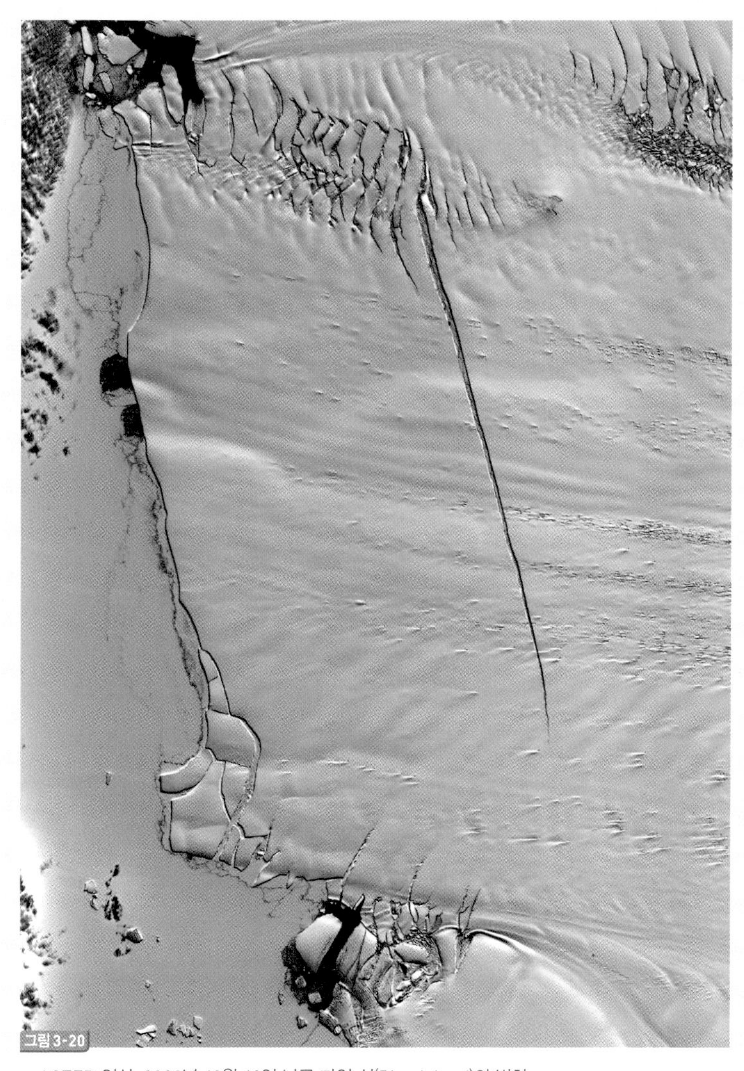

ASTER 영상. 2000년 12월 12일 남극 파인 섬(Pine Island)의 빙하

는데 중요한 역할을 하는 센서이다. MODIS 이전인 1997년에도 CERES는 미국 항공우주국의 열대 강수량 측정을 위해 TRMMTropical Rainfall Measuring Mission위성에 탑재되어 운용이 되었다.* 지구 총 복사에너지는 기후변화를 이해하는데 중요한 요인이기 때문에 미국 항공우주국에서는 계속해서 새로운 위성에 CERES를 탑재 운영하고 있다. 이후 발사되는 아쿠아 위성과 S-NPP에도 탑재되어 운용되고 있다. CERES는 3개의 스펙트럼 밴드를 가지고 있다. 태양 빛이 대기상층에서 반사되는 복사량을 단파장인 0.3-5μm 구간에서 측정하는 밴드와, 지구에서 방출되는 열복사량을 장파장인 8-12μm구간에서 측정하는 밴드가 있다. 그리고 마지막으로 전체 총량을 측정하기 위해 0.3-100μm 구간을 측정하는 밴드를 가지고 있다. CERES의 특징은 2개가 동시에 탑재되어 각기 다른 스캔 방식으로 동일 영역을 관측한다. 관측 공간해상도는 20km다.**

MISRMulti-angle Imaging Spectro-Radiometer은 다양한 각도에서 일어나는 태양 빛의 산란을 측정한다. 즉 일반적인 위성센서들이 지상을 향하거나 지구의 테두리 방향을 향하고 있지만, 태양광이 지구의 대기 환경에서 태양 빛이 어떻게 산란이 되어 지구에 영향을 주는지에 대한 정보는 얻을 수 없다. MISR은 여러 방향(각도)에서 일어나는 태양 빛의 산란을 4개의 밴드(파랑: 446nm, 초록:

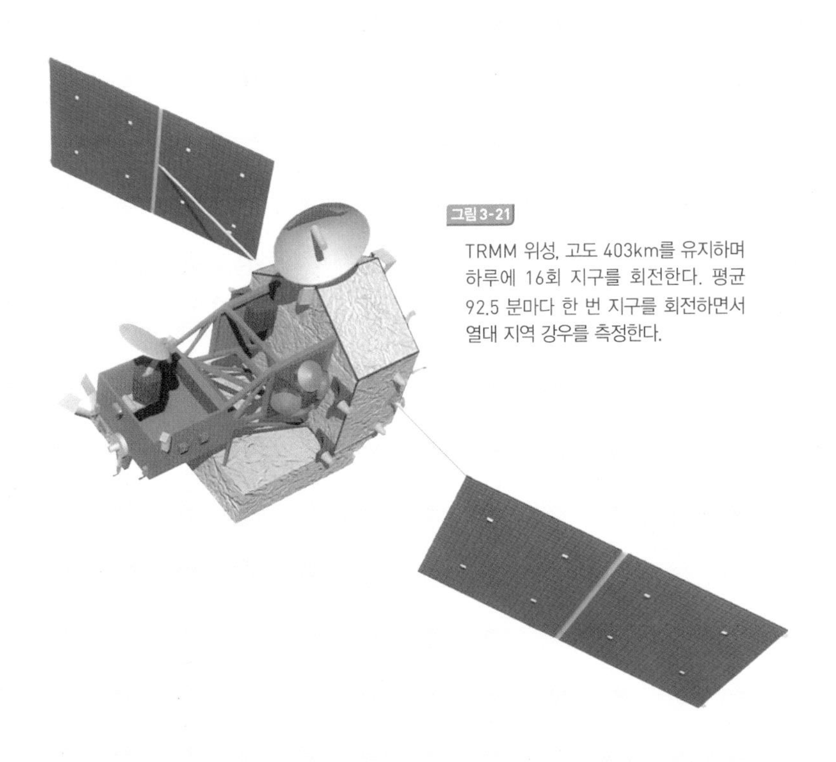

그림 3-21

TRMM 위성, 고도 403km를 유지하며 하루에 16회 지구를 회전한다. 평균 92.5 분마다 한 번 지구를 회전하면서 열대 지역 강우를 측정한다.

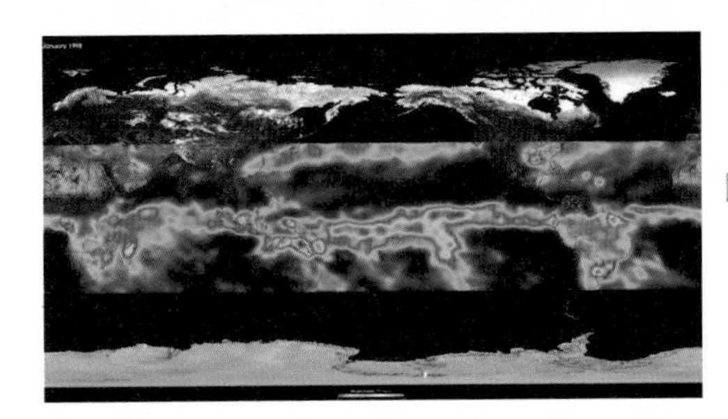

그림 3-22

그림3-21 TRMM위성으로부터 관측된 열대 지역 강수량 자료(1998년 1월 평균)

558nm, 빨강: 672nm, 근적외선; 867nm)를 가진 9개의 서로 다른 카메라를 서로 다른 방향(26.1도, 45.6도, 60도, 70.5도)의 각도로 관측하여 대기와 지표에서 일어나는 태양 빛의 산란 효과를 250m(위성에서 수직방향)와 275m 공간해상도로 측정한다. 다양한 각도에서 일어나는 산란 정보를 통해 구름의 입자나 구름의 형태 등을 구분할 수 있고, 태양 고도가 지상의 식생에 주는 영향을 이해하는 데 사용된다.***

MOPITT Measurement of Pollution in the Troposphere는 저층 대기(대류권)의 특성과 저층 대기가 땅과 바다 그리고 생물권과 어떻게 상호 작용하는지를 알기 위해 설계되었다. MOPITT는 대류권에서 일산화탄소의 발생과 소멸에 따른 공간에 따른 이동과 분포를 추적하는데 주요 목적을 두고 있다. 일산화탄소는 공장, 자동차, 산불 등 인위적인 인간의 활동에 의해 방출되기 때문에 이러한 공해 요인이 대기의 자연적인 정화 능력을 방해 또는 지연시킨다.

MOPITT 3개의 분광 밴드를 이용하여 방출되고 반사되는 복사에너지를 공간해상도 22km로 1 회 관측 시 약 640km 범위에서 측정하며, 대류권에서 수직방향으로 5km 구간의 일산화탄소 농도를

* http://trmm.gsfc.nasa.gov
** http://ceres.larc.nasa.gov/index.php
*** http://www-misr.jpl.nasa.gov

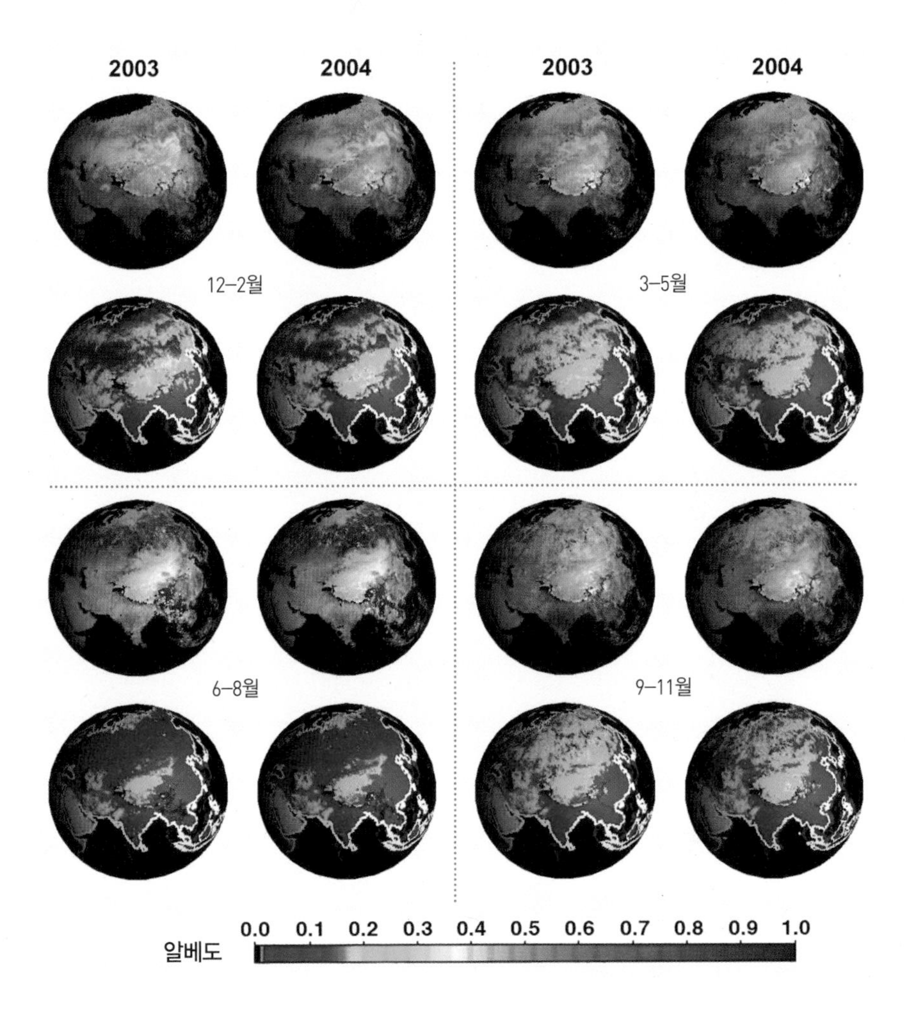

그림 3-23

MISR에서 관측한 지구 알베도 변화

측정한다. MOPITT는 캐나다 우주국과 여러 캐나다 기업들의 합작으로 만들어졌으며, 캐나다 우주국이 주요 제원을 제공하고 있다. MOPITT에서 관측된 자료는 캐나다 토론토 대학과 미국의 대기연구센터에서 분석하여 배포하고 있다.*

* http://www.atmosp.physics.utoronto.ca/MOPITT/home.html과 https://www2.acom.ucar.edu/mopitt

그림 3-24

MOPITT 센서에서 측정한 고도 3km 이내 대기에서의 일산화 탄소 평균 농도 (2004년 4월 17일-27일), 붉은색에 가까울수록 일산화 탄소의 농도가 높다. 회색은 자료가 획득되지 않은 곳이다.

A-Train(Afternoon Constellation)

대부분의 위성이 적도를 오전에 지나가도록 설계되어 있는데, 아쿠아 위성부터 오후에 적도를 지나가도록 설계된 위성이 가동되기 시작했다. 미국을 포함한 각국에서 서로 다른 위성 6기를 같은 궤도상(고도 705km)에서 적도를 1시 30분을 전후하여 수분 간격으로 지나가도록 구성한 위성 성단이 있는데 이를 A-Train이라 한다. 서로 다른 위성이 거의 동시에 같은 궤도를 지나감으로써 지상에서 위성까지 수직 구간을 포함한 위성 관측 범위 사이에서 과학적 의미를 가지는 다양한 자료를 삼차원구조로 획득하는 것이 목적이었다. 그래서 6기의 위성이 기차처럼 연속해서 오후에 지나간다는 의미로 A-Train이라 부르게 되었다. 여기서 A는 'Afternoon(오후)'에서 따온 A다. 현재 OCO-2 위성부터 시작해서 약 11분뒤 GCOM-W1이 따라가고, 4분 뒤에 아쿠아 위성이 따라간다. 그 뒤를 CloudSat이 30초 간격을 두고 따라가고, CALIPSO가 15초 뒤에 따라 간다. 마지막으로 Aura가 15분 뒤에 따라가면 이 행렬이 끝난다.

지구 상공 같은 궤도상에서 적도 위를 1시 30분을 전후하여 수분 간격으로 지나가는 위성 성단이 있다. 이를 A-Train 이라 한다. 과학적 의미가 있는 여러 종류의 자료를 삼차원 구조로 획득하는 것이 주목적이다.

OCO-2Orbital Carbon Observatory 2는 미국 항공우주국에서 2014년 7월 2일 발사한 위성으로 미국의 환경과학 위성이다. 주요 임무

그림 3-25

미국을 포함한 각국에서 서로 다른 위성 6기를 같은 궤도상(고도 705km)에서 적도를 1시 30분을 전후하여 수분 간격 으로 지나가도록 구성한 위성 성단이 있는데 이를 A −Train 이라 부른다.

는 대기 중 이산화탄소 농도를 측정하는 것으로, 2009년 2월 발사한 후 임무를 실패한 OCO의 후속모델이다. GCOM-W1**Global Change Observation Mission-Water 1**은 일본의 항공우주국에서 운용 계획 중인 지구관측 위성 시리즈 중 하나다. 일본 이름으로 "SHIZU-KU", 즉, "물방울"로 지구의 물 순환을 이해하는데 사용되는 위성으로 2012년 5월 18일 일본의 타네가시마 우주센터에서 발사되었다.

GCOM-W1에는 AMSR2**Advanced Microwave Scanning Radiometer 2**가 실려 있는데, 이는 마이크로파를 이용하여 지표와 대기권에서 방사되는 에너지를 측정하는 것이다. GCOM-W1에 탑재된 AMSR2는 1.5초 간격으로 회전하면서 지상에서 1450km 폭을 가지는 공간에서 방사되는 마이크로파를 측정한다. 일반적으로 2일 정도 지나면 전 지구 표면의 99퍼센트 지역에 대한 정보를 획득한다. AMSR2 는 일본 ADEOS-II 에 탑재되었던 AMSR과 미국 항공우주국의 아쿠아 위성에 탑재되어 있는 AMSR-E와 동일한 목적의 관측을 수행하는 센서이다. 가장 대표적인 관측값이 북극해 해빙의 양이다. 우리가 흔히 접하고 있는 북극해 해빙 농도의 공간 분포 자료가 AMSR 시리즈에서 나오고 있다. 또한 대표적인 기후 인덱스인 엘니뇨와 라니냐에 대한 정보를 산출하고 있다.

aqua는 라틴어로 물을 뜻한다. 이름에서 알 수 있듯이 미국 항공우주국의 지구환경관측 팀에서는 지구에서 중요한 역할을 하는 물의 순환을 파악하기 위해 아쿠아 위성을 운용하였다. 아쿠아 위성은 MODIS를 장착하고 있는 테라 위성과 쌍둥이 위성으로서 하루 2번 오전과 오후에 동일 영역에 대해 해색 관측을 위한 위성으로서의 역할을 하게 되는데, 최초로 오후에 적도를 지나가는 궤도를 가진 위성으로서 역할을 한다. 오후 위성궤도의 특성으로 인해 뒤에 탄생하는 A-Train의 구성을 유도하는 역할을 하는 위성이 된다. 2002년 5월 4일 테라 위성보다 약 2년 늦게 MODIS를 포함한 6개의 센서를 탑재하고 발사된다. 이 위성에는 여러 나라들이 국제적인 협력을 통해 종합 지구 관측 위성을 운용하게 되었다는 의미가 있다.

탑재된 6개의 센서들인 AIRS, AMSU, CERES, MODIS, AMSR-E, HSB는 다음과 같은 역할을 수행한다. AIRS**Atmospheric Infrared Sounder**는 기후 연구와 기상 예보를 위한 임무를 가지고 있었다. AIRS는 AMSU**Advanced Microwave Sounding Unit**와 HSB**Humidity Sounder for Brazil** 와 함께 지상에서 대기 상층까지의 전체 대기층에서의 온도, 습도 및 구름의 고도와 구름 양에 대한 종합 대기 관측을 수행하기 위해 설계 된 센서였다. AMSU 다채널 마이크로파를 이용하여 기상관측을 위한 임무를 수행하고 대기 중의 온도나 수증기를 측정하였다. AMSU는 미국 해양대기국**NOAA, National Oceanic** and Atmospheric Administration에서 운영하고 있던 위성 시리즈인 NOAA위성에 장착된 센서들과 같은 기능을 수행하며, 정보 생산의 연속성을 유지한 위성센서이기도 하다. 수증기의 양, 눈과 얼음의 분포, 구름의 수분 함유량 및 강수 등을 측정하는 기상위성으로서의 역할을 수행하게 하는 센서였다.

HSB는 앞에서 말한 것처럼 아쿠아 위성 발사 후 2003년 2월 5일 신호를 수집하는 스캐닝 거울의 모터 고장으로 작동이 멈추게 된다. HSB는 이름에 나타난 것과 같이 대기 중 습도를 측정하는 임무를 가지고 있었고, 브라질의 국가우주연구원인 INPENational Institute for Space Research의 요청에 의해 영국에서 개발한 센서였다. 4개의 마이크로파 채널로 지구에서 산란된 에너지를 측정하는 수동형 마이크로파 채널을 가지고 있었고, 지상 165m의 폭을 동시 관측할 수 있었다. CERES는 3개의 채널을 이용해서 지구에서 반사되는 태양에너지를 300-5000nm, 8000-12000nm 300-100000nm 범위의 에너지를 각각 태양복사에 의한 에너지가 반사되는 부분과 지상에서 방출되는 에너지 그리고, 태양복사에너지를 포함한 전체 지구에서 방출되는 에너지를 측정하여 지구의 열복사수지를 측정하는 임무를 가지고 있었다. 테라 위성에도 같은 센서가 장착되어 있어 MODIS 함께 지구환경관측을 연속적으로 수행하는 역할을 해오고 있다.

CloudSat는 미국 항공우주국의 지구관측위성으로 2006년 4월 28일 미국 캘리포니아 공군기지에서 Delta II 로켓에 실려 발사되었다. 레이더를 이용하여 구름의 고도와 형태 등의 특성을 관측하여 지구온난화에 대한 구름의 역할을 이해하는데 사용된다. 구름은 지구의 물 순환에서 핵심적인 요소다. 즉, 대기 중 공기에서 땅으로 물을 보내는 역할과 이 지역에서 저 지역으로 서로 다른 지역간 물을 운송하는 역할을 한다. 이런 물의 순환과 태양에너지의 순환에서 구름이 중요한 역할을 하기 때문에 미국 항공우주국의 지구시스템과학탐색Earth System Science Pathfinder 프로그램의 일환으로 1999년 CloudSat 임무가 선정되었으나, 2006년에서야 발사 운용이 시작된다. CloudSat는 A-Train 의 CALIPSO위성과 같은 날 같은 로켓에 실려 발사된다. CloudSat에 장착된 CPRCloud Profiling Radar은 센서에서 방사된 에너지가 구름에 의해 산란되어 돌아오는 레이더의 값을 이용하여 레이더로부터 구름까지 거리를 측정하는 기기다. 이 기기는 미국의 NASA/JPLJet Propulsion Laboratory과 캐나다 우주국CSA, Canadian Space Agency이 공동 개발한 것으로 이미 여러 앞선 위성들에서 활용이 되고 있는 센서다.

CALIPSO는 미국의 항공우주국과 프랑스의 CNES가 공동으로 개발한 환경위성으로 CloudSat와 같은 시간 같은 로켓에 실려 발사 되었고, 2006년 6월 1일부터 형태를 갖추기 시작한 A-Train에서 CloudSaT와 함께 지구에너지 흐름에서 구름의 역할을 규명하는 역할을 수행한다.* CALIPSO라는 이름은 Cloud-Aerosol Lidar and Infrared Pathfinder Satellite Observations의 약자로 LIDARLight Detection And Ranging를 이용하여 구름과 에어로졸의 수직 구조를 정밀하게 조사하고 구름의 방사에너지와 입자 크기를 측정하는데 사용된다. 또한 우주공간의 별을 추적하는데도 사용된다.

마지막으로 AURA위성은 미국 항공우주국의 위성으로 오존층과 공기의 질 및 기후를 연구하는데 사용된다. AURA는 라틴어로 산들바람 또는 공기를 뜻한다. 환경오염에 의한 오존층의 파괴와 대기에 존재하는 여러 온실 가스를 측정하는 역할을 수행하는 위성이다.** 2004년 7월 15일 미국의 DELTA-II 로켓에 의해 발사되어 A-Train의 끝에 위치하게 되는 위성이다. 성층권의 오존이 1980년부터 2000년 사이 약 3퍼센트 감소되었다. 그리고 남극에서는 겨울과 봄철 그 두께가 50퍼센트나 감소되고 있다. 오존층의 파괴는 지구상의 생명 활동에 엄청난 영향을 미친다. AURA는 이러한 오존의 양에 영향을 주는 여러 온실 기체 등 대기의 화학성분에 대한 관측을 수행하고 있다.

* http://cloudsat.atmos.colostate.edu/home
* http://aqua.gsfc.nasa.gov

세계최초 정지궤도 해색 위성을 운영하는 한국

위성원격탐사분야의 후발주자였던 한국이 2010년에 세계 최초라는 단어를 가지는 사건이 일어난다. 바로 천리안 해양관측 위성 GOCI, Geostationary Ocean Color Imager을 한국이 발사한 일이다. 2010년 6월 27일 남미 프랑스령 기아나꾸르 우주센터에서 대한민국의 천리안 위성이 발사된다. 천리안 위성은 한반도를 중심으로 동서방향으로 2500km, 남북방향으로 2500km 넓이의 해양환경을 고도 3600km에서 고정 관측하는 정지궤도 위성이다. 위성은 적도에서 동경 128.2도에 위치하고 있으며, 하루 8번 낮 시간 동안 한반도 주변을 연속 관측한다. 정지궤도 위성이기 때문에 한정된 영역만 관측할 수 있지만, 하루 중 8차례 똑같은 공간에서 일어나는 현상을 관측할 수 있기 때문에 기존의 위성 해색원격탐사 개념을 완전히 바꾼 위성이다.

해색원격탐사의 관측 대상인 식물플랑크톤은 태양이 뜨고 지는 시간 동안 생장하며, 직접적인 운동 능력은 없지만 해류에 의해 이동하게 된다. 이런 생물적 특성으로 기존의 해색원격탐사에서는 하루에 한 번 획득한 자료를 이용하여 일 평균 모델에 적용한 값을 사용한다. 때문에 식물플랑크톤이 태양에서 오는 광량(광합성에 필요한 광 에너지, 400-700nm)의 변화에 의해 하루 중 생장하는 부분에 대한 정보는 획득할 수 없다. 천리안의 해색센서인 GOCI는

2010년 발사한 한국의 천리안 위성은 정지궤도위성이지만, 하루 8번 한반도 주변 해역을 관측하여, 동일 해역의 시간 변화를 파악할 수 있다. 식물플랑크톤은 낮 시간 생장하며 해류로 이동한다. 천리안 위성은 아침 시부터 오후5시까지 8번의 관측을 통해 광량 변화에 따른 식물플랑크톤의 생장과 시공간 변동에 관한 정보를 전달한다.

아침 9시부터 매 15분에 시작하여 30분간 촬영하고 30분 휴식 후 다음 촬영을 하는 식으로 1시간에 한 번씩 촬영을 하여 오후 5시까지 8번의 관측을 수행하기 때문에 식물플랑크톤이 태양 고도에 따른 광량 변화에 반응하는 정보를 얻을 수 있다. 또한 하루 중 해류에 의한 이동 정보도 획득할 수 있기 때문에, 식물플랑크톤의 시공간 변동에 대한 정보를 자세히 획득함으로써 해양생태계에서의 식물플랑크톤의 역할을 자세히 알 수 있게 되었다. 이런 정보를 통해 한반도 주변 해양생태계의 변화를 실시간 모니터링할 수 있게 되었다. 또한, 연안 해양환경의 변화를 감시할 수 있으며, 수자원정보도 생산 가능하게 되었다.

GOCI는 8개의 분광 밴드를 가지고 있는데, 각 분광밴드는 412nm, 443nm, 490nm, 555nm, 660nm, 680nm, 745nm, 865nm로 SeaWiFS, MODIS와 유사한 구성을 가지고 있다. 8개의 밴드는 식물플랑크톤의 최대 흡광 분광밴드를 포함하여 해양탁도, 에어로졸의 광학 두께 등 바다의 색에 기여하는 주요 요인과 대기신호에 의한 잡음을 없애는데 필요한 파장대의 밴드로 구성되어 있다. 또한 공간해상도는 500m급으로 기존의 해색센서에 비해 가

그림 3-26

천리안 위성

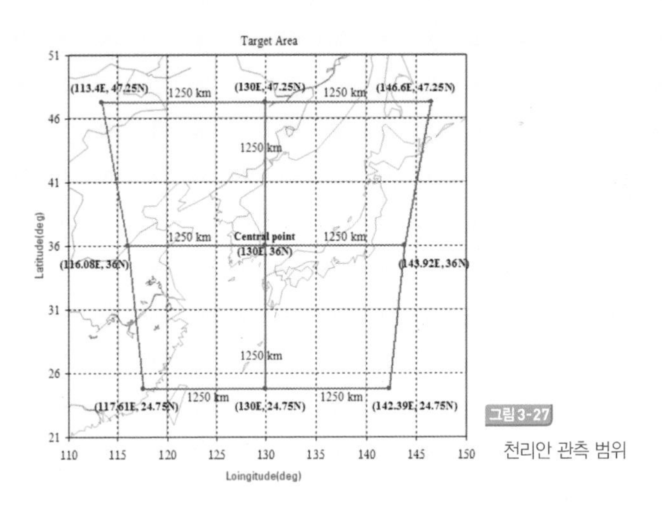

그림 3-27

천리안 관측 범위

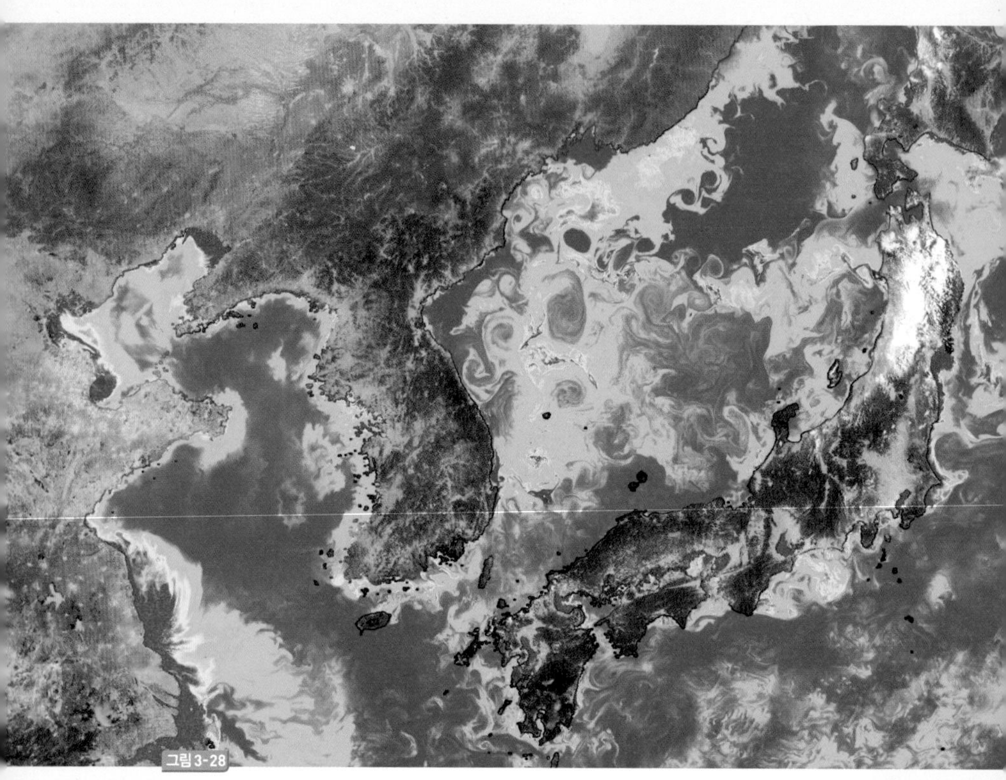

그림 3-28

천리안의 해색센서(GOCI)에서 획득한 한반도 주변 식물플랑크톤의 농도 분포 영상장 정밀한 정보를 획득할 수 있도록 설계되어 있다. GOCI로 미국의 항공우주국NASA, 유럽의 유럽우주기구ESA, 일본의 JAXA가 보다 적극적으로 대한민국과 우주관측 협력체계를 갖추게 되었고, 기술 선진국으로서의 한국 위상이 높아지게 되었다. GOCI센서는 한국항공우주연구원과 한국해양과학기술원이 공동개발한 위성으로 한국해양과학기술원의 위성센터에서 운용을 하고 있다. GOCI로 획득한 자료는 연구목적에 한해 무상배포하고 있기 때문에 전 세계 누구나 GOCI 자료를 쉽게 활용할 수 있다. 천리안 위성에는 GOCI 이외에도 통신을 위한 탑재체와 기상관측을 위한 센서가 같이 탑재되어 있기 때문에 천리안은 "통해기" 즉, 통신해양기상위성이라고도 불린다.*

* http://kosc.kiost.ac/p20/kosc_p21.html

대한민국 우주개발계획

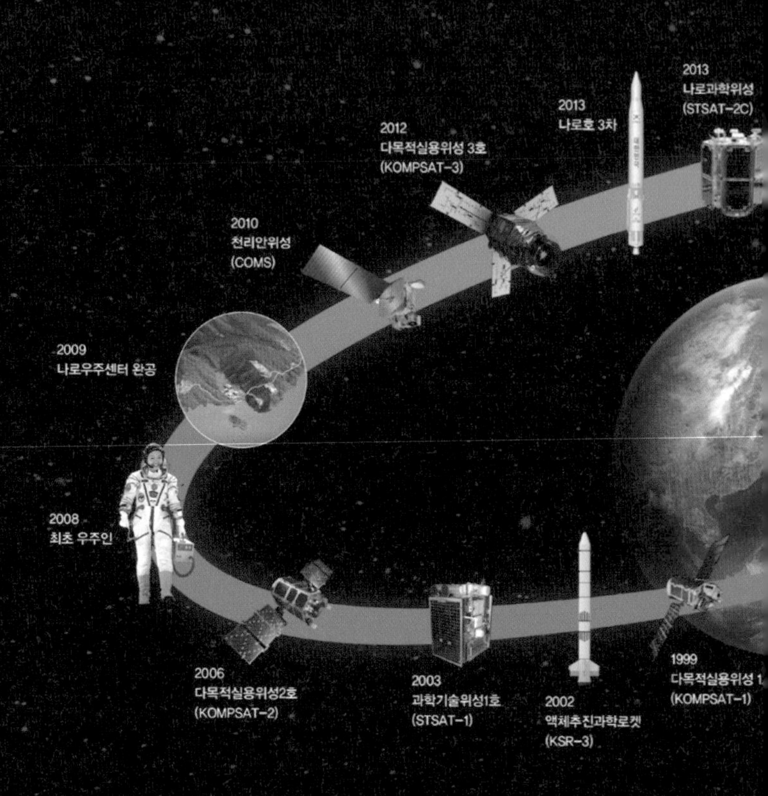
2013
나로과학위성
(STSAT-2C)
2013
나로호 3차
2012
다목적실용위성 3호
(KOMPSAT-3)
2010
천리안위성
(COMS)
2009
나로우주센터 완공
2008
최초 우주인
2006
다목적실용위성2호
(KOMPSAT-2)
2003
과학기술위성1호
(STSAT-1)
2002
액체추진과학로켓
(KSR-3)
1999
다목적실용위성 1
(KOMPSAT-1)

2035(TBD)
소행성 탐사선
2033(TBD)
대형정지궤도 발사체
2030(TBD)
화성착륙선
2027(TBD)
중궤도 · 정지궤도 발사체

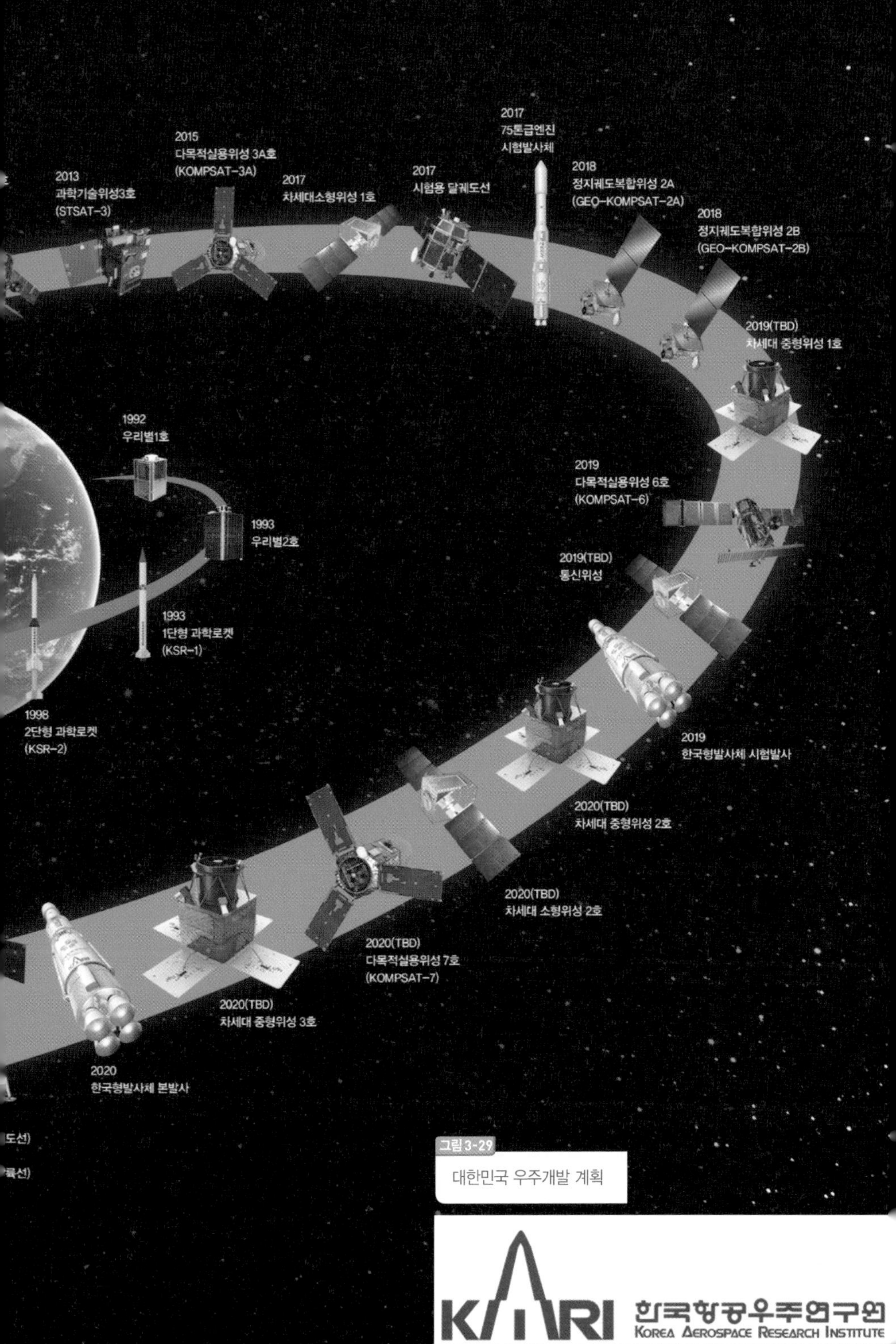

그림 3-29 대한민국 우주개발 계획

국제해색조정단체

국제해색조정단체IOCCG, International Ocean-Color Coordinating Group*는 위성 관련 기관과 해색원격탐사 관련 전문가들로 구성되어 있으며, 지구관측위성위원회CEOS, Committee on Earth Observation Satellite의 결의안에 따라 1996년에 설립된 국제 해색원격탐사 관련 전문가 단체로 위성 개발 당사자 및 위성 자료 사용자를 대표하는 단체다. 각각의 해색위성 관측을 전 지구 규모의 자료로 통합하고 개별 정보의 상호 공유를 통해 해색위성 원격탐사를 발전시키는 것을 목적으로 하고 있다.

이 단체에서는 다양한 분야의 해색원격탐사 기술 및 해색위성자료 활용 연구 사례와 해색원격탐사 분야의 새로운 발견을 1998년부터 매년 'IOCCG 보고서' 시리즈로 발간하여 전세계 해색원격탐사 종사자들과 공유하고 있다. 또한, 해색원격탐사 전문가들이 각 전문 분야에 대한 교육 과정을 해마다 개설하여 전세계 해색원격탐사 종사자를 양성하는데 중요한 역할을 하고 있다. IOCCG는 해양조사과학위원회SCOR, Scientific Committee on Oceanic Research의 분과 프로그램이며, 지구관측위성 위원회의 준회원이기도 하다. IOCCG의 운영은 각국의 위성운용개발 기관과 조직의 지원으로 이루어지며, IOCCG 사무실 등 운영 시설은 해양조사과학위원회와 캐나다의 베드포드 해양연구소Bedford Institute of Oceanography에서 지원받고 있다.

* http://www.ioccg.org

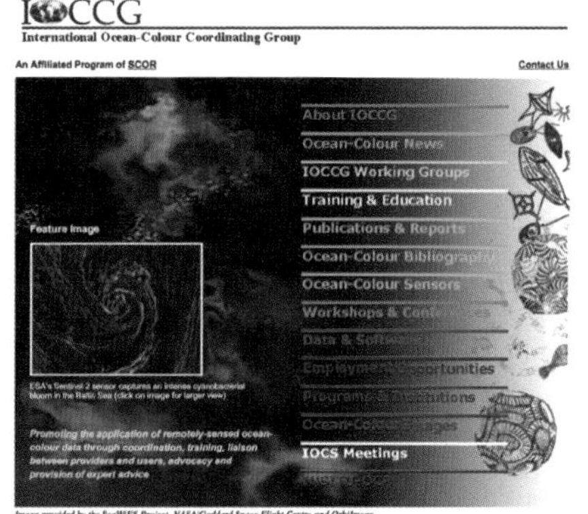

그림 3-30
국제해색조정단체

국제해색조정단체의 임무

- 해색자료 사용 전문가 양성: 해색원격탐사자료 및 현장관측자료의 활용도를 높이기 위한 전문가 주도 교육과정 운영 및 국제 심포지엄 및 워크숍을 통해 위성자료 처리 프로그램 및 현장관측 자료 획득 및 사용에 대한 전문가 양성지원
- 해색원격탐사자료 사용자들의 의견 수렴을 통한 새로운 위성센서 개발에 대한 공공의 발전적 의견제출을 통해 해색원격탐사 기술의 빠른 발전에 기여
- 국제사회에서 해색원격탐사의 중요성을 대변하며, 해색원격탐사의 중요성 전파에 기여
- 해색위성자료 검/보정을 위한 관측 자료의 질적 최적화를 위한 국제공동 현장관측 등 국제 표준 마련
- 해색원격탐사에 필수적인 해양 및 대기의 관측 자료 확보 및 사용자 그룹간 공유
- 개별 수집된 위성 자료 및 현장 관측 자료의 국제 통합 및 공동 활용을 위한 각국의 기관 및 개별연구자간 상호 협조를 위한 활용

참고 문헌

웹사이트

NASA Website "MODIS Components: https://modis.gsfc.nasa.gov/about/components.php

NASA Website "MODIS Design: https://modis.gsfc.nasa.gov/about/design.php

MCST "MODIS Characterization Support Team": http://mcst.gsfc.nasa.gov

MODIS Products Table: https://lpdaac.usgs.gov/dataset_discovery/modis/modis_products_table

Direct Broadcast at MODIS Website: https://modis.gsfc.nasa.gov/data/directbrod/

LANCE-MODIS: https://lance.modaps.eosdis.nasa.gov

NASA, Introducing the A-Train, https://www.nasa.gov/mission_pages/a-train/a-train.html

CNES News on Calipso: https://calipso.cnes.fr/en/CALIPSO/index.htm

OCO homepage: http://oco.jpl.nasa.gov

단행본

링카케 지음, 강성희 옮김, 2011, 《생각만큼 어렵지 않다: 현실의 벽 앞에 멈춰 서 있는 젊은 당신에게》, 라이온북스, 252 쪽.

〈내셔널지오그래픽: 실패 없이는 성공도 없다〉 2013년 9월호

John R. Jensen 지음, 채효석외 옮김, 2002, 《환경원격탐사》, 시그마프레스, 584p

박형동, 현창욱, 오승찬 지음, 《에너지자원 원격탐사》, 도서출판 씨아이알, 279p

김영섭, 서애숙, 조명희, 김응남, 신계종, 장영률 옮김, 2004, 《원격탐사개론》, 서울 동화기술, 395p

엄정섭 지음, 2004, 《디지털 시대의 원격탐사》, 경북대학교출판부, 386p

김응남 지음, 2012, 《원격탐사입문》, 에듀컨텐츠휴피아, 243p

Alan R. Longhurst, 1998, *Ecological Geography of the Sea*, Academic Press, 398pp.

Alexandra Witze 2016, "Warm winter takes its toll on Arctic ice: Scientists push for better monitoring what remains." Nature 531,15-15.

Alfred Stein, Freek van der Meer and Ben Gorte, 2002, *Spatial Statistics for Remote Sensing, Remote Sensing and Digital Image Processing,* Volume 1, Springer, 284pp.

Archipelago: 1. Variability in Morphological and Radiative Properties." *Journal of Geophysical Research: Oceans* 105 (C9): 22049–22060

Borodachev, V.Ye. and Shilnikov, V.I. (2002) History of Airbone Ice Reconnaissance in the Arctic and the Ice-covered seas of Russia (1914-1993) (441pp). Gidrometeozizdat, St. Petersburg.

Curry, J. A., J. L. Schramm, and E. E. Ebert. 1995. "Sea Ice-Albedo Climate Feedback Mechanism." *Journal of Climate* 8: 240–247.

Dan Lubin and Robert Masson, 2006, Polar Remote Sensing: Volume I - Atmosphere and Ocean, Springer, 756pp.

Dan Lubin and Robert Masson, 2006, Polar Remote Sensing: Volume II – Ice Sheets, Springer, 426pp.

Deledalle, C.-A., L. Denis, F. Tupin, A. Reigber, and M. Jager. 2015. "NL-SAR: A Unified Nonlocal Framework for Resolution-Preserving (Pol)(In)Sar Denoising." *IEEE Transactions on Geoscience and Remote Sensing* 53 (4): 2021–2038.

Derksen, C., J. Piwowar, and E. LeDrew. 1997. "Sea-Ice Melt-Pond Fraction as Determined from Low Level Aerial Photographs." *Arctic and Alpine Research* 29 (3): 345–351.

Detailed Design and Analysis report on IRS-P4 Ocean colour monitor., SAC/IRS-P4/01/05/98, Space Applications Centre (ISRO), Ahmedabad 380 053, India, May 1998.

DIETZ, A., KUENZER, C., and C. CONRAD, 2013: Snow cover variability in Central Asia between 2000 and 2011 derived from improved MODIS daily snow cover products. *International Journal of Remote Sensing* 34 (11), 3879–3902

DIETZ, A., WOHNER, C., and C. KUENZER, 2012: European snow cover characteristics between 2000 and 2011 derived from improved MODIS daily snow cover products. Remote Sensing, 4, 2432–2454, doi:10.3390/rs4082432

Divine, D. V., M. A. Granskog, S. R. Hudson, C. A. Pedersen, T. I. Karlsen, S. A. Divina, A. H. H. Renner, and S. Gerland. 2015. "Regional Melt-Pond Fraction and Albedo ofThin Arctic First-Year Drift Ice in Late Summer." *The Cryosphere* 9: 255–268.

Eicken, H., T. C. Grenfell, D. K. Perovich, J. A. Richter-Menge, and K. Frey. 2004. "Hydraulic Controls of Summer Arctic Pack Ice Albedo." *Journal of Geophysical Research: Oceans* 109 (C8).

Fetterer, F., and N. Untersteiner. 1998. "Observations of Melt Ponds on Arctic Sea Ice." *Journal of Geophysical Research: Oceans* 103 (C11): 24821–24835.

GESSNER, U.; MACHWITZ, M.; ESCH, T.; TILLACK, A.; NAEIMI, V.; KUENZER, C.; DECH, S. (2015): Multi-sensor mapping ofWest African land cover using MODIS, ASAR andTanDEM-X/TerraSAR-X data. *Remote Sensing of Environment.* 282–297

Grenfell, T., and G. Maykut. 1977. "The Optical Properties of Ice and Snow in the Arctic Basin." *Journal of Glaciology* 18: 445–463.

Hollinger, J.P. 1989: *DMSP Special Sensor Microwave/Imager Calibration/Validation.* Final Report, Vol. I., Space Sensing Branch, Naval Research Laboratory, Washington D.C.

Indian Remote Sensing Satellite IRS-P4 utilisation plan, SAC-RSA/IRS-P4-UP/PP-02/97, Space Applications centre (ISRO), Ahmedabad 380 053, India, May 1997.

Jacobs, S.S., H. Helmer, C.S.M. Doake, A. Jenkins, and R.M. Frolich, 1992: Melting of the ice shelves and the mass balance of Antarctica. *Journal of Glaciology,* 38(130), 275-387

Jeong-Won Park, Hyun-Cheol Kim, Sang-Hoon Hong, Sung-Ho Kang, Hans C. Graber, Byongjun Hwang & Craig M. Lee (2016) "Radar backscattering changes in Arctic sea from late summer to early autumn observed by space-borne X-band HH-polarization SAR", *Remote Sensing Letters,* Vol. 7, No. 6, 551-560

John T.O. Kirk, 2010, Light and Photosynthesis in Aquatic Ecosystems 3rd ed. Cambridge, 649pp.

Josefino Comiso, 2010, *Polar Oceans from Space: Atmospheric and Oceanographic Sciences* Library 41, Springer, 507pp.

KLEIN, I., DIETZ, A., GESSNER, U., DECH, S., KUENZER, C., 2015: Results of the GlobalWaterPack: a novel product to assess inland water body dynamics on a daily basis. *Remote Sensing Letters,* Vol. 6, No. 1, 78–87KLEIN, I., GESSNER, U. and C. KUENZER, 2012: Regional land cover mapping in Central Asia using MODIS time series. *Applied Geography* 35, 1–16

Krawczyk H., Neumann A., WalzelT., 1995: "Interpretation Potential of Marine Environments Multispectral Imagery", *Proceedings of the Third Thematic Conference on Remote Sensing for Marine and Coastal Environments,* Seattle, Sept. 1995, pp. II-57 - II-68

LU, L., KUENZER, C., WANG, C., GUO, H., Li, Q., 2015: Evaluation of three MODIS-derived Vegetation Index Time Series for Dry land Vegetation Dynamics Monitoring. *Remote Sensing,* 2015, 7, 7597–7614; doi:10.3390/rs70607597

Ola M. Johannessen, et al. 2007, *Remote Sensing od Sea Ice in the Northern Sea RouteL Studies and Applications*, Springer, 472pp

Paul G. Falkowski and John A. Raven, 2007, *Aquatic Photosynthesis,* 2nd ed. Princeton University Press, 484pp

Petri Pellikka and W. Gareth Rees, 2010, *Remote Sensing of Glaciers: Techniques for topographic, spatial and thematic mapping of glaciers,* CRC Press, 330pp.

Polashenski, C., D. Perovich, and Z. Courville. 2012. "The Mechanisms of Sea Ice Melt Pond Formation and Evolution." *Journal of Geophysical Research: Oceans* 117: C01001.

Pramod K. Varshney and Manoj K. Arora, 2004, *Advanced Image Processing Techniques for Remotely Sensed Hyperspectral Data,* Springer, 322pp.

Rösel, A., and L. Kaleschke. 2011. "Comparison of Different Retrieval Techniques for Melt Ponds on Arctic Sea Ice from Landsat and MODIS Satellite Data." *Annals of Glaciology* 52 (57): 185–191.

Rösel, A., L. Kaleschke, and G. Birnbaum. 2012. "Melt Ponds on Arctic Sea Ice Determined from MODIS Satellite Data Using an Artificial Neural Network." *Journal of Geophysical Research: Oceans* 6 (2): 431–446.

Scharien, R. K., and J. J. Yackel. 2005. "Analysis of Surface Roughness and Morphology of First-Year Sea Ice Melt Ponds: Implications for Microwave Scattering." *IEEE Transactions on Geoscience and Remote Sensing* 43 (12): 2927–2939.

Schröder, D., D. L. Feltham, D. Flocco, and M. Tsamados. 2014. "September Arctic Sea-Ice Minimum Predicted by Spring Melt-Pond Fraction." *Nature Climate Change* 4: 353–357.

Simon Haykin, Edward O. Lewis, R. Keith Raney, and James R. Rossiter, 1994, Remote Sensing of Sea Ice and Icebergs, A Willey-Interscience Publication, 686pp

Steven M. de Jong and Freek D. van der Meer, 2004, Remote Sensing Image Analysis: Including the spatial domain, *Remote Sensing and Digital Image Processing,* Volume 5, Springer, 359pp.

Stroeve, J. C., M. C. Serreze, M. M. Holland, J. E. Kay, J. Malanik, and A. P. Barrett. 2012. "The Arctic's Shrinking Sea Ice Cover: A Research Synthesis." *Climatic Change* 110 (3–4): 1005–1027.

V.B.H. Ketelaar, 2009, *Satellite Radar Interferometry: Subsidence Monitoring Techniques, Remote Sensing and Digital Image Processing,* Volume 14, Springer, 243pp.

Yackel, J. J., D. G. Barber, and J. M. Hanesiak. 2000. *Melt Ponds on Sea Ice in the Canadian*

그림출처 및 저작권

6쪽 NASA,EarthObservatory | **10-11쪽** ESA | **그림 1-1** 🅭🅯🄎Church | **그림 1-7, 1-18, 1-19, 1-20, 1-22** © 극지연구소 | **그림 1-9** Lawrence Berkeley National Laboratory | **그림 1-12** NASA | **그림 1-13** NASA, Apollo 8**그림 1-15** NASA Godard Space Flight Center, Scientific Visualization Studio | **그림 1-16** NASA, Earth Observatory | **그림 1-17** US Navy Arctic Submarine Laboratory | **그림 1-21** Arctic Portal | **그림 1-23** NASA, University of Colorado, Boulder / CIRES | **그림 2-1** 🅭🅯 Nevit Dilmen | **그림 2-2** http://altigator.com/ | **그림 2-7** NASA, Earth Observatory | **그림 3-1** "Rayleigh Scattering Animation (why the sky is blue)"에서 캡처(https://www.youtube.com/watch?v=twSg2zbjjnA) | **그림 3-10** IOCCG 2003 보고서, 한국항공우주연구원 | **그림 3-11, 3-17, 3-18, 3-19, 3-21, 3-22** NASA | **그림 3-12, 3-13, 3-14, 3-15** NASA, Earth Observatory | **그림 3-20, 3-25** NASA JPL | **그림 3-23** NASA/GSFC/LaRC/JPL, MISR Team | **그림 3-24** NCAR and University of Toronoto MOPITT teams | **그림 3-26** 한국항공우주연구원 | **그림 3-27** 한국해양과학기술원 해양위성센터 | **그림 3-28** 한국해양과학기술원 해양위성센터 | **그림 3-29** 한국항공우주연구원 | IOCCG

찾아보기

ㅊ

ㅌ

ㅍ

ㅎ

그림으로 보는 극지과학 6

극지과학자가 들려주는 원격탐사 이야기

지 은 이 | 김현철

1판 1쇄 발행 | 2016년 12월 30일
1판 3쇄 발행 | 2019년 11월 29일

펴 낸 곳 | ㈜지식노마드
펴 낸 이 | 김중현

등록번호 | 제 313-2007-000148호
등록일자 | 2007.7.10
주 소 | (04032) 서울특별시 마포구 양화로 133, 1201호(서교타워, 서교동)
전 화 | 02-323-1410
팩 스 | 02-6499-1411

이 메 일 | knomad@knomad.co.kr
홈페이지 | http://www.knomad.co.kr

가 격 | 12,000원
ISBN 979-11-87481-11-9 04450
ISBN 978-89-93322-65-1 04450(세트)